春·夏·秋·冬
알고 먹으면 좋은 우리 식재료
Q&A

㈜지구문화
JIGU CULTURE Co.Ltd

머리말

제철에 먹어야 제맛이 살고
우리 몸에 약이 되는 사계절 식재료

우리나라는 사계절이 뚜렷하고 삼면이 바다로 둘러싸인 지리적 특징에 따라 다양한 제철식품이 나고 더불어 그에 맞는 제철음식이 발달하였습니다.

그러나 이제는 언제나 마음만 먹으면 대형마트와 백화점에서 계절의 구분 없이 원하는 식품을 구할 수 있는 어찌 말하면 행복하고 좋은 세상에 살고 있습니다. 하지만 같은 식품이라도 제철에 나는 식품과 그렇지 않은 식품은 맛과 영양에서 분명한 차이가 있습니다.

예로부터 우리의 선조들은 제철에 나오는 재료를 가지고 때와 절기에 맞추어 몸에 유익한 음식을 만들어 영양을 보충하였습니다. 그것은 제철에 먹어야 제맛이 살고, 살아있는 식품의 영양을 제대로 얻을 수 있다는 오랜 삶의 경험과 지혜 때문입니다.

정보화 시대, 넘쳐나는 수많은 정보 속에서 꼭 필요한 정보들을 찾아내는 것도 쉬운 일이 아닙니다. 특히 건강과 음식에 대한 관심이 크게 늘면서 음식과 식품에 대한 정보들은 과도하게 넘쳐나고 있고 그 중에는 과장되거나 잘못된 상식을 전달하고 있기도 하여 안타까운 마음이었습니다. 그러던 중 인천교통방송에서 프로그램을 통해 우리가 일상에서 쉽게 접할 수 있는 식품에 대한 올바른 상식을 전달할 수 있는 좋은 기회가 주어졌습니다.

이 책은 인천방송에서 매주 청취자들과 만나며 함께 풀어 낸 식재료와 음식에 대한 궁금증들을 봄, 여름, 가을, 겨울의 사계절로 분류하여 무한한 정보의 바다 속에서 독자들이 꼭 알아야 할 상식들을 쉽게 풀어내고자 노력하였습니다. 쉽게 지나쳤을 식품 하나하나의 역사와 유래를 찾아 넣고 식품의 영양소,

구입 및 감별법, 방송에서 생생하게 전달된 시청자들의 궁금증을 풀어 본 Q&A, 식재료를 활용한 조리 및 음식 등 꼭 필요한 정보만을 선별하여 체계적으로 정리하였습니다.

이를테면 새우를 한자로 '해로(海老)'라고 하는데 이는 새우가 '등이 굽어서 바다의 노인'이라 하기도 하고 '수염이 길어서 어른'이라 하기도 한다는 이야기처럼 식품 하나하나에 숨어 있는 그 이름에 얽힌 유래들을 읽으면서 새우의 영양소와 새우를 이용한 음식, 좋은 새우 고르는 방법에 관한 정보 등을 함께 얻을 수 있어 쉽고 재미있게 이 책을 읽고 활용할 수 있으리라 기대합니다.

보릿고개라는 말은 이제 아주 먼 옛날이야기가 되어버린 먹거리가 풍족한 시대에 우리는 살고 있습니다. 이제 배고픔으로 음식을 먹는 시대가 아니라, 어떻게 하면 잘 먹을까, 어떤 음식을 먹으면 우리 몸에 좋을까에 초점이 맞춰지고 있는 흔히 말하는 웰빙(well-being)을 추구하는 시대에 살고 있습니다. 아무쪼록 이 책이 우리 몸에 가장 중요한 먹거리에 대한 올바른 정보와 지식을 전달하고 우리 땅에서 자란 제철 농산물과 식재료들을 새로운 측면에서 바라보고 현대를 살아가는 우리의 건강을 지켜주는 또 하나의 징검다리 역할을 하게 되기를 바랍니다.

신축년 새 봄에

저자 **윤숙자, 최봉순, 최은희**

차례

알고 먹으면 좋은 우리 식재료 Q&A

머리말 02

봄

밭에서 나는 고기 · **두부** 08
간을 보호하는 뿌리식물 · **칡** 12
호흡기 질환에 특효 · **도라지** 16
채소의 왕 · **시금치** 20
선비들이 사랑한 맛 · **죽순** 24
산모들의 영양간식 · **호박** 28
봄을 깨우는 나물 · **쑥** 32
입맛을 돋우는 봄나물 · **냉이** 36
천연 비타민제 · **딸기** 40
두뇌를 활성화 시키는 완전식품 · **달걀** 44
기운을 북돋아 주는 생선 · **조기** 48
성장기 어린이에게 좋은 영양제 · **꽃게** 52
시력회복에 좋은 천연보약 · **주꾸미** 56
산모에게 좋은 바다채소 · **미역** 60
정신을 맑게하는 묘약 · **녹차** 64

여름

밭에서 나는 비타민 C · **감자** 70
최고의 변비 예방제 · **고구마** 74
스태미너 향신료 · **마늘** 78
체력을 보강하는 영양 채소 · **부추** 82
여름을 지키는 힘 · **가지** 86
작지만 큰 비타민 창고 · **고추** 90
피부미용에 좋은 수분 공급원 · **오이** 94
고혈압에 좋은 빨간 채소 · **토마토** 98
무더운 여름철 갈증해소의 명약 · **수박** 102
여름철 피로회복제 · **매실** 106
세계에게 가장 오래된 과일 · **포도** 110
국민들이 즐겨먹는 생선 · **민어** 114
강렬한 힘의 원천 · **장어** 118
타우린의 힘 · **오징어** 122
바다의 채소 · **다시마** 126

겨울

다이어트 식품 · **묵** 194
아스파라긴산이 풍부한 숙취해소제 · **콩나물** 198
산의 뱀장어 · **마** 202
겨울철 비타민 보충제 · **귤** 206
장보고의 선물 · **유자** 210
필수아미노산이 풍부한 육류 · **돼지고기** 214
자연 해독제 · **명태** 218
바다의 닭고기 · **참치** 222
코로 먹는 생선회 · **홍어** 226
고단백, 저지방 식품 · **꼬막** 230
바다의 우유 · **굴** 234
바다의 천연 영양제 · **홍합** 238
바다의 인삼 · **해삼** 242
복을 부르는 바다 식물 · **김** 246
깨끗한 곳에서만 자라는 바다 채소 · **매생이** 250

가을

기관지의 보약 · **더덕** 132
속병을 없애는 소화제 · **무** 136
당뇨병에 좋은 약초 · **우엉** 140
미인을 만드는 붉은 보석 · **사과** 144
천연소화제 · **배** 148
설사를 멎게 하는 과일 · **감** 152
사랑의 묘약, 자손 번창을 기원하는 · **대추** 156
신선이 사랑한 장수식품 · **버섯** 160
고단백, 저지방, 저칼로리 · **닭고기** 164
바다의 보리 · **고등어** 168
건강을 지키는 파수꾼 · **꽁치** 172
집나간 며느리도 돌아오게 하는 생선 · **전어** 176
진시황이 찾았던 불로장생 · **전복** 180
양기를 북돋아 주는 최고의 강장식품 · **새우** 184
누운 소도 일어나게 하는 힘 · **낙지** 188

봄은 자연을 이루고 있는 만물이 소생하는 시기로 겨울동안 움츠리고 있던 우리의 몸은 많은 활동을 시작한다. 겨울에 비해 활발해진 우리 몸은 여러 가지 물질대사를 충족시키기 위해 필요한 영양분이 최고 10배까지 늘어난다. 겨울 동안 신선한 채소를 섭취할 기회가 적었으므로 비타민 부족에서 오는 여러 가지 불균형으로 춘곤증이 나타나기도 한다. 따라서 봄에는 무엇보다도 비타민, 무기질, 단백질 등의 영양소를 많이 섭취해야 한다.

비타민이 많이 들어 있는 봄철 식품으로 대표적인 것은 다양한 봄나물이다.
옛날에는 봄이면 동네 아낙네와 처녀들이 공식적으로 바깥으로 외출할 수 있는 기회가 바로 나물 캐는 일이었다. 한국인은 '참기름만 주면 모든 풀을 무쳐 먹을 수 있다'는 말이 있듯이 봄나물의 대표적인 요리법은 무침과 국이다. 나물을 캐서 국을 끓이고 새콤달콤하게 나물도 무치고, 떡 등의 별미 음식을 만들어 가족의 입맛도 살리고, 동네 사람들과 나눠먹으며 정을 쌓았다. 겨우내 얼어 있던 땅을 뚫고 파릇한 푸른빛으로 대지를 뚫고 올라온 봄나물이야 말로 비타민, 무기질, 식이섬유가 다량 함유되어 있다. 그러므로 봄나물은 추위를 이겨내느라 힘들었던 우리 몸의 기운을 되돌리고 봄철 우리 몸을 나른하게 만드는 춘곤증을 이기는데 가장 좋은 음식이다.
봄에 먹을 수 있는 가장 흔한 것이 쑥이다. 산야에 지천으로 깔려 있고 아무리 뜯어도 없어질 것 같지 않은 나물이다. 특히 비타민 C가 많이 들어 있는 냉이와 시금치 등은 좋은 식품이다. 입맛을 돋우는 데 효과가 있는 이러한 먹거리는 자연과 뗄 수 없는 인간에게 유익한 자연의 산물인 것이다.

사·계·절·제·맛·내·는·식·재·료

알고 먹으면 좋은
우리 식재료

봄

봄에 먹어야 제맛이 살고 몸에 약이 되는 음식!

두부 · 취 · 도라지 · 시금치 · 죽순 · 호박 · 쑥 · 냉이 · 딸기 · 달걀 · 조기 · 꽃게 · 주꾸미 · 미역 · 녹차

밭에서 나는 고기
두부

두부의 역사 및 유래는?

두부는 2,000년 전 중국 한나라의 회남왕(淮南王) 유안(劉安)이 발명한 것으로 알려져 있다. 중국을 통해 우리나라에 들어온 두부는 고려 말 이색(李穡)의 「목은집(牧隱集)」에 "나물죽도 오래 먹으니 맛이 없는데, 두부가 새로운 맛을 돋우어 주어 늙은 몸이 양생하기 더없이 좋다."라고 기록되어 있다. 두부의 부(腐)자는 썩는다는 뜻이 아니라 중국에서 요구르트를 유부(乳腐)라고 하듯이 고체이면서도 말랑말랑하고 탄력 있는 것을 가리킨다.

두부를 옛날에는 '포(泡)'라고 불렀는데 주로 절에서 많이 만들었다. 우리나라의 두부 만드는 기술은 중국까지 알려져 조선시대 세종 14년에 명나라에 사신으로 갔던 박신생이 명나라 황제 칙서를 가져왔는데 '조선에서 보낸 궁녀들의 두부 만드는 법이 절묘하니 두부를 잘 만드는 여인을 골라 보내 달라'고 당부하는 내용이 「세종실록(世宗實錄)」에 기록되어 있다.

春

두부에 들어있는 영양소는?

종류	열량(kcal)	수분(%)	단백질(g)	지질(g)	탄수화물		회분(g)	무기질
					당질(g)	섬유(g)		Ca (mg)
두부	79.0	84.1	8.4	3.5	3.0	2.27	0.80	159.0
순두부	47.0	90.4	4.7	3.2	1.0	1.04	0.60	48.0
연두부	41.0	91.0	5.2	2.4	0.7	0.40	0.60	62.0

두부의 영양성분표 (100g 당)<한국영양학회 제7차 개정판>

두부는 "밭에서 나는 고기"라 불릴 정도로 단백질 함량이 높으면서도 지방과 칼로리는 낮으며 담백한 맛을 가지고 있어 다이어트 식품으로 좋다. 또한 두부의 사포닌(saponin)은 체내에서 지방의 합성과 흡수를 억제하고 지방분해를 촉진한다.

두부의 재료가 되는 콩에는 레시틴(lecithin)이 들어 있는데 레시틴은 뇌기능을 향상시켜 학습능력과 집중력을 높이고 노인성 치매를 방지한다. 두부는 우유보다 칼슘이 많은 알칼리성 식품으로 두부의 칼슘은 뼈를 튼튼하게 하고, 신경의 긴장을 완화시켜 주며 스트레스까지 이겨내는데 도움을 준다. 두부의 소화 흡수률은 95%로 콩의 60%에 비해 월등히 높아 소화기관이 약한 노인과 어린이에게 좋다.

두부를 이용한 조리 및 음식은?

두부선 : 두부를 곱게 으깨어 물기 없이 짜 놓고, 다진 닭고기 등을 섞어 양념하여 반대기를 지어 놓는다. 위에 계란지단, 표고, 석이, 실고추 등을 가늘게 채 썰어 고명으로 얹어 쪄내어 초장과 겨자즙을 곁들인다.

두부전골 : 두부 사이에 다진 고기를 넣고 미나리 데친 것으로 묶는다. 쇠고기 채 썬 것과 여러 가지 채소를 보기 좋게 돌려 담아 청장, 소금으로 간을 하여 끓인다.

두부냉탕 : 두부를 네모나게 썰어 소금물에 데쳐 차게 식힌다. 무채도 소금에 절여 살짝 데쳐 차게 식힌다. 국그릇에 준비한 두부와 무 채를 담고 실고추를 얹는다. 육수에 간을 하여 식힌 냉국물을 붓고, 식초를 약간 타서 붓는다.

두부 톳무침 : 두부는 물기를 짜고 톳은 소금물에 살짝 데쳐 송송 썰어 파, 마늘, 깨소금, 참기름, 후추를 넣고 골고루 무친다.

두부전골 ▶

Q&A

Q 두부는 특히 여성에게 좋은 식품이라고 하던데요, 어떤 성분 때문에 좋은 건가요?

A 두부에는 여성호르몬과 유사한 식물성 이소플라본(isoflavone)이 들어 있지요. 이소플라본은 항암효과 뿐만 아니라 골다공증에도 효과가 있어 폐경기 여성에게 좋은 건강식품입니다. 폐경 후에 에스트로겐(estrogen)의 농도가 내려가 골다공증이 오는데 이소플라본이 여성호르몬인 에스트로겐(estrogen)을 활성화시켜 골다공증 치유에 도움이 됩니다.

Q 두부가 다이어트 식품으로 알려져 있는데 어떻게 먹으면 좋은가요?

A 두부는 쇠고기보다 단백질 함량이 많고 저지방이기 때문에 다이어트 식품으로 좋아요. 두부 한 모(200g)의 칼로리는 100~160kcal로 열량은 낮으면서 포만감을 주어 공복감을 느끼지 않게 하고 식물성 단백질을 풍부하게 섭취할 수 있어서 좋아요. 두부는 기름에 지지거나 튀겨서 조리하는 것보다는 찌거나 삶아서 먹는 것이 다이어트에 훨씬 더 좋습니다.

Q 두부가 아기들 이유식으로도 좋은지요?

A 콩의 영양이 고스란히 담긴 두부에는 레시틴(lecithin)이 들어 있어요. 이 레시틴은 태아의 두뇌 발달을 돕고 집중력을 높여 줍니다. 유아기에는 신체나 두뇌가 발달해야 하는 영양소가 필요한데 콩에는 필수지방산과 아미노산이 풍부하게 들어 있지요. 또한 칼슘이 풍부해 뼈와 근육의 성장을 도와 특히 성장하는 어린이에게 좋습니다.

Q 두부와 궁합이 맞는 음식으로는 어떤 것이 있을까요?

A 콩으로 만든 두부에는 사포닌이라는 물질이 함유되어 있어 지나치게 섭취하면 몸 안의 요오드가 많이 빠져나가 갑상선 호르몬이 부족해지고 바세토씨병을 유발할 수 있어요. 따라서 두부요리를 할 때는 요오드의 균형을 맞추기 위해 요오드가 풍부한 해조류인 미역·김·다시다 등과 함께 섭취하면 좋습니다.

Q 어렸을 때 할머니가 두부를 만드시는 것을 봤는데 엄두가 나지 않아요. 집에서도 쉽게 두부를 만들 수 있나요?

A 먼저 콩을 씻어서 하룻밤이나 7~8시간 정도 물에 불려서 믹서에 곱게 갈아요. 이 콩물을 면보 자루에 붓고 짜내어 고운 콩물만 솥에 넣고 끓여 충분히 익으면 간수, 염화칼슘, 황산칼슘 같은 응고제를 넣어 굳혀서 응어리가 지면 두부 틀이나 채반에 면보를 깔고 응고물을 퍼 담은 후 위를 도마나 목판으로 눌러서 굳히면 두부가 만들어 집니다.

두부 구입 및 감별법

두부는 겉이 매끄러운 것을 고르는데, 두부를 담가 놓은 물이 차갑고 깨끗한 것을 선택한다. 두부를 조리할 때는 1%의 소금물에 담겨있는 두부가 특유의 냄새도 안 나고 잘 부스러지지 않아 맛과 탄력감이 좋다. 두부는 용도에 따라 수분 정도가 다양하다.

찌개나 국을 할 때는 부드럽고 탄력이 있을 정도의 수분이 있는 두부를 사용하고, 순두부찌개를 할 때는 연하고 수분이 많은 두부를 사용한다. 부침요리를 할 경우엔 단단한 것을 사용하는 것이 좋고 만두를 할 때는 수분을 많이 뺀 딱딱한 두부를 사용한다. 개별 포장된 두부의 경우 제조일과 유통기한을 꼭 확인해야 한다.

간을 보호하는 뿌리식물

칡

칡의 역사 및 유래는?

칡은 쌍떡잎식물 장미목 콩과의 덩굴식물로 갈근(葛根)이라고도 한다. 옛날 중국에서 모함을 받아 깊은 산골로 피신하여 일족이 말살될 위기를 벗어난 갈씨 집안 때문에 이처럼 끈질기게 생명을 이어간 식물이라는 뜻으로 갈근이라는 이름이 붙였다. 또한 서로의 이해가 얽혀 대립한다는 뜻의 갈등(葛藤)이란 단어는 갈(葛)자와 등나무 등(藤)자가 합해진 말로 칡은 오른쪽으로 감겨 올라가고 등나무는 왼쪽으로 감겨 올라가서 서로 얽히고 설켜 먼저 오르려는 모양을 빗대어 생긴 말이다.

아시아가 원산지인 칡은 보릿고개를 넘게 해준 중요한 구황작물이며, 술독을 풀어주는 약재로 이용되어 왔는데, 「동의보감(東醫寶鑑)」에는 "주독을 풀어주고 입안이 마르고 갈증나는 것을 멎게 한다."고 기록되어 있다.

칡에 들어있는 영양소는?

종 류	열량(kcal)	수분(%)	단백질(g)	지질(g)	탄수화물		회분(g)
					당질(g)	섬유(g)	
칡	135.0	60.3	1.9	0.4	31.4	2.4	1.3

칡의 영양성분표 (100g 당) <한국영양학회 제7차 개정판>

    칡뿌리의 주성분은 전분으로 10~14%, 당분은 4~5% 함유되어 있어 단맛이 있다. 칡은 숙취를 제거하고 간 기능을 회복시켜준다. 칡의 카테킨(catechin)은 유해물질인 과산화지질이 간에 생기는 것을 막고 알코올로 인한 간 손상을 완화시킨다. 또한 카테킨은 활성 산소를 억제하고 혈중 콜레스테롤 수치를 낮추어 성인병 예방에 효과가 있다.
여성호르몬인 에스트로겐(estrogen)이 줄어드는 갱년기가 되면 우울증, 기억력 감퇴, 골다공증 등과 같은 갱년기 증상을 보이는데, 칡에는 에스트로겐과 같은 역할을 하는 이소플라본의 일종인 다이드제인(daidzein)이 풍부하게 들어 있어 갱년기 증상을 완화한다.

칡을 이용한 조리 및 음식은?

칡 빙수 : 얼음을 곱게 갈아 칡가루, 미수가루, 시럽, 인절미, 생과일 등을 넣고 섞는다.

칡 송편 : 쌀가루와 칡가루, 도토리가루를 섞어 끓는 물로 익반죽한다. 콩이나 팥을 소로 준비하여 송편을 빚어 김 오른 찜 솥에 찐다.

갈근탕 : 갈근, 마황, 생강, 대추, 작약, 겨자, 감초 등에 물을 넣고 30분 정도 끓인다.

칡 콩나물국 : 물에 칡, 콩나물을 넣고 끓이다가 파, 마늘, 고춧가루를 넣어 간을 맞춘다.

칡 송편 ▶

Q & A

Q 칡이 금주에 좋다고 알려져 있는데, 어떤 효능이 있나요?

A 술과 칡을 함께 마시면 칡이 혈중 알코올 농도를 빨리 떨어지게 하며 알코올 분해 속도를 빠르게 해줘요. 또한 칡에 들어 있는 푸에라린(puerarin)이라는 성분이 알코올을 뇌에 빨리 도달하게 하여 적은 양으로 만족감을 느끼게 만들어 음주욕구를 억제합니다. 그러므로 칡을 먹으면 술을 먹고 싶다는 욕구를 떨어뜨리고, 오래 복용하면 술 먹는 양을 절반 이하로 떨어 뜨리는 효과를 얻을 수 있습니다.

Q 칡에도 종류가 있다고 하는데 구분하는 방법을 알려주세요?

A 칡에는 두 종류가 있어요. 모양이 길게 뻗은 것은 숫칡이라 부르며 굵고 둥글게 뭉친 것을 암칡이라 부릅니다. 암칡은 나이테가 넓고 갈분이 많고 숫칡은 나이테가 좁고 갈분이 적은 것이 특징이지요. 칡 중에서도 제일로 치는 칡이 '참칡'인데 볼록한 참칡은 그 안에 들은 것이 전부 가루이기 때문에 더 좋다고 합니다.

Q 몸에 좋은 칡을 즙으로 먹는 것도 좋지만, 다른 방법이 있는지요?

A 중국에서는 칡과 귤껍질, 인삼 등을 넣고 끓인 차로 술 먹은 다음날 아침에 칡차를 마셨다고 하는데 숙취를 없애는데 좋다고 해요. 또한 칡과 돼지고기를 함께 푹 끓여 국물이 진해질 때까지 졸여 만든 칡국물도 환자의 보양식으로 좋습니다. 반죽한 칡가루전분을 묽게 끓여 구멍이 촘촘히 뚫린 바가지로 칡 국수를 빼거나 칡 냉면으로 만들어 먹기도 합니다.

Q 특유의 쌉쌀한 맛이 나는 칡을 술로 담그어 먹기도 하나요?

A 굵고 두꺼운 갈근 1kg을 깨끗이 씻어 5cm 길이로 토막을 내고, 용기에 넣어 5ℓ의 소주를 부어요. 갈근은 소주를 빨아들이므로 나중에 소주를 더 넣어도 무방합니다. 3개월 쯤 지나면 술이 익는데 짙은 커피색의 달콤하고 갈근 특유의 향내가 나는 약술이 완성되지요. 맑은 술은 천이나 여과지로 걸러 내고 한 번 더 소주를 부어 밀봉하여 오래도록 저장하면 순하고 좋은 술을 만들 수 있는데 꿀을 가미하거나 모과주나 매실주를 섞어 마셔도 좋습니다.

Q 칡은 식용으로 사용하는 것 외에 다른 용도로도 사용하나요?

A 음식에 사용하는 것 외에도 칡의 섬유질을 모아 흙벽돌을 찍어 내어 벽을 쌓기도 하고 상을 당했을 때 상복으로 만들어 입기도 했으며 칡덩굴의 섬유를 뽑아 갈건을 만들어 쓰기도 했고 갈혜를 만들어 신기도 했어요.

칡 구입 및 감별법

칡뿌리는 밋밋한 것보다는 몸이 둥글고 통통한 것이 좋으며 땅 속 깊이 들어가 있는 것이 영양이 좋다. 칡은 용도에 따라 다른데 차로 마시거나 생으로 씹어 먹는 것은 육질이 부드럽고 색깔이 밝으며 즙이 달콤하며 약간의 쓴 맛이 있는 것을 구입하는 것이 좋다. 그러나 약재로 사용하는 갈근은 질감이 질기고 맛이 쓰며 색이 어두운 것을 사용한다.

호흡기 질환에 특효

도라지

도라지의 역사 및 유래는?

도라지는 초롱과에 속하는 다년초로 한자어로 길경(桔梗), 고경, 백약, 경초라고도 불렀다. 우리 민요에 '도라지타령'이 있을 정도로 오랫동안 친근한 식품으로서 약재로도 이용되었다. 명절이나 제사상에 빠지지 않고 오르는 것이 도라지나물로, 도라지는 가장 대중적이며 한국인의 입맛을 잘 나타내는 식품이다.

도라지는 이른 봄에 뿌리뿐 아니라 어린잎과 줄기를 데쳐서 나물로 먹기도 하는데 「구황촬요(救荒撮要)」에 도라지장, 「증보 산림경제(增補山林經濟)」에 도라지 정과가 기록된 것으로 보아 나물뿐만 아니라 장(醬), 정과 등 다양하게 조리에 이용된 것으로 보인다.

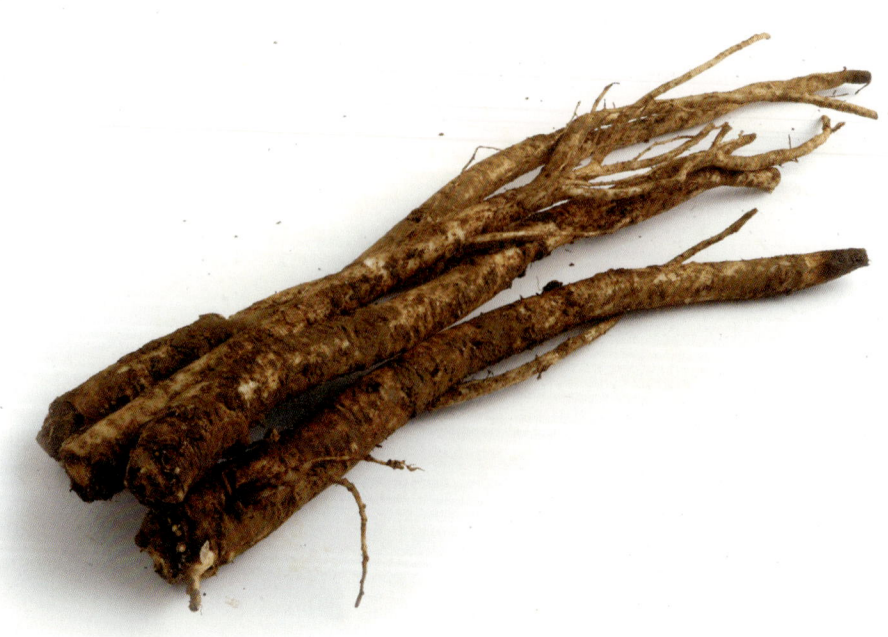

도라지에 들어있는 영양소는?

종류	열량 (kcal)	수분 (%)	단백질 (g)	지질 (g)	탄수화물		회분 (g)	무기질		사포닌 (saponin)
					당질 (g)	섬유 (g)		Ca (mg)	Fe (mg)	
도라지	83.0	75.6	1.7	0.4	19.6	4.36	0.9	39	2.2	13.5

도라지의 영양성분표 (100g 당)<한국영양학회 제7차 개정판>

도라지는 당분과 섬유질이 많고 칼슘과 철이 많은 알칼리성 식품이다. 도라지는 천식과 기관지에 좋기 때문에 기침과 천식약으로 유명한 '용각산'의 주재료로도 사용된다. 이는 도라지에 사포닌(saponin) 함량이 100g당 13.5mg으로 다른 식품에 비해 매우 풍부하기 때문이다. 사포닌은 아린맛이 나지만 호흡기내 점막의 점액 분비량을 증가시켜 가래를 삭힌다.

「동의보감(東醫寶鑑)」에는 도라지로 만든 한약 처방의 종류가 무려 278종이나 되는데, "성질이 약간 차고, 맛은 맵고 쓰며 약간 독이 있다. 허파와 목, 코, 가슴의 병을 다스리고 벌레에 물렸을때 독을 내린다"고 소개하고 있다.

도라지를 이용한 조리 및 음식은?

도라지김치 : 껍질 벗긴 도라지를 썰어 소금에 살짝 절여 고춧가루, 파, 마늘, 생강, 설탕에 버무린다.

도라지생채 : 껍질 벗긴 도라지를 가늘게 썰어 소금에 주물러 씻은 후 고추장, 고춧가루, 파, 마늘, 깨소금을 넣고 무친다.

도라지밥 : 쌀알이 퍼지면 껍질 벗긴 도라지와 대추, 은행을 넣고 뜸을 들여 양념장과 곁들여 낸다.

도라지정과 : 껍질 벗긴 도라지를 어슷 썰어 끓는 물에 데친 후 냄비에 도라지, 설탕, 물을 넣고 약한불에 졸인다. 국물이 걸쭉해 지면 꿀을 넣어 윤기를 낸다.

도라지생채▶

Q&A

Q 기관지가 안 좋을 때 도라지를 먹으면 좋다고 하는데 무슨 성분 때문에 그런가요?

A 도라지는 기관지 천식 등 공해에 찌들린 사람들에게 치료 효과가 있어요. 먼지를 들이 마시면 그 먼지는 기관지를 타고 폐로 내려가는데 이때 도라지의 사포닌(saponin)은 기관지의 점액과 호르몬 분비를 왕성하게 하여 폐로 가는 먼지의 양을 줄이고 균의 감염 정도를 낮게 하며 가래를 묽게 만듭니다. 이것은 도라지의 쓴맛을 내는 플라티코딘이라는 사포닌 성분이 위점막을 자극하여 기관지의 점액 분비를 증가시켜 가래를 쉽게 배출할 수 있도록 도와주기 때문입니다.

Q 도라지는 감기예방에 좋은데 씁쓸한 맛과 냄새 때문에 아이들이 먹으려 하지 않아요. 아이들에게 먹이려면 어떤 방법이 있을까요?

A 잘 다듬은 도라지를 꿀에 재워 두면 하루 이틀 후에 도라지액이 나와요. 이를 먹이면 감기 예방에 도움이 되요. 또한 도라지·대추·은행·생강 등을 넣어 은근한 불에 끓여 주면 감기에 잘 걸리는 아이들의 건강관리에 좋습니다.

Q 흔히 인삼은 오래된 것이 좋다고 하는데 도라지도 오래 된 것이 좋은가요?

A 도라지를 오래도록 기르기가 까다로워 오래된 것일수록 더욱 좋다고 알려져 왔어요. 보통은 3년 정도 키우는데 5년 이상 생육시킨 도라지를 먹으면 일반 도라지에서는 발견할 수 없는 스테로이드계 물질이 발견되어 피를 맑게 하며 지방을 분해시키는 효소활성이 증진됩니다.

Q 도라지가 몸에 좋다고 하는데 먹는 방법이 많지 않아요. 다양하게 먹는 방법을 알려주세요?

A 도라지는 다양한 효능만큼 먹을 수 있는 방법도 다양해요. 도라지는 뿌리만 먹는 것으로 알고 있는데 부드러운 잎과 줄기도 나물로 조리 해 먹을 수 있어요. 또한 어린잎 나물을 무쳐 먹기도 하고 튀겨 먹기도 합니다. 가을에는 살짝 쪄서 말려 채소가 귀한 겨울에 먹으면 영양섭취에 좋아요. 또한 된장이나 고추장 속에 박아 장아찌로 먹기도 하고, 쇠고기, 파와 함께 꼬지에 꿰어 산적을 만들기도 한답니다.

Q 그 밖에 도라지를 이용한 요리는 어떤 것이 있나요?

A 도라지를 수탉과 삶아 먹기도 하고, 도라지 껍질을 벗겨서 얇게 저며 밀가루, 달걀을 씌워서 기름에 지져 먹기도 해요. 도라지를 얇게 썰어 찹쌀 풀을 발라 말린 뒤 기름에 지진 도라지자반, 도라지와 감초를 함께 넣고 도라지차를 끓이기도 합니다.

도라지 구입 및 감별법

도라지는 흙에서 캐낸 그대로의 통 도라지와 조리하기 좋게 껍질을 벗겨 가늘게 다듬어 놓은 두 가지 형태가 있다. 통 도라지는 대부분 2~3년 근으로 국산토종은 가늘고 짧으며 잔뿌리가 많이 달라붙어 있고 원뿌리도 2~3개 갈라진 것이 많다. 수확한 지 얼마 되지 않은 것은 겉에 흙이 많이 묻어 있다. 반면 수입도라지는 토종에 비해 겉에 흙이 묻어 있지 않으며 굵고 길면서 잔뿌리가 거의 없고 원뿌리도 매끈한 편이다.
토종은 수분함량이 많아 다듬은 상태에서도 동그랗게 말리는 정도가 덜하고 단단한 섬유질이 적어 먹어보면 부드럽다. 껍질 벗겨서 갈라진 도라지는 길이가 짧으며 색이 연한 노란색을 띠고 쪼개진 상태가 일정한 것이 싱싱하고 섬유질도 부드러워 맛이 좋다.

채소의 왕
시금치

시금치의 역사 및 유래는?

시금치는 명아주과에 속하는 1~2년생 초본 식물로, 파릉채(菠薐菜), 적근채(赤根菜)라고도 한다. '시금치'는 뿌리가 붉은 채소라는 뜻의 '적근채(赤根菜)'에서 나왔는데, 『훈몽자회(訓蒙字會)』와 『번역노걸대(飜譯老乞大)』에서 '시근치'라고 하였는데 이는 중국음에서 비롯된 것으로 볼 수 있다. 시금치는 페르시아 지역이 원산지이며, 유럽에는 11세기에, 아메리카대륙은 16세기 초기에 유럽으로부터 도입되었다.
중국에는 한(漢)나라 때 페르시아로부터 실크로드를 거쳐 도입되었거나 또는 당(唐)나라 태종 때 네팔로부터 헌정된 것으로 보인다. 한국에는 중국을 거쳐 전래된 것으로 추측되는데, 1577년(선조 10)에 최세진(崔世珍)의 「훈몽자회(訓蒙字會)」에 처음으로 시금치가 등장한 것으로 보아 조선 초기부터 시금치가 재배된 것으로 여겨진다.

시금치에 들어있는 영양소는?

종류	열량 (kcal)	수분 (%)	단백질 (g)	지질 (g)	탄수화물		회분 (g)	무기질		비타민
					당질(g)	섬유(g)		Ca (mg)	Fe (mg)	A (R.E)
시금치	30.0	89.4	3.1	0.5	5.2	2.87	1.0	40.0	2.6	607.0

시금치의 영양성분표 (100g 당)〈한국영양학회 제7차 개정판〉

　　　　　시금치는 비타민 A, C, E 등과 칼슘, 철분 등의 무기질이 골고루 들어 있어 채소의 왕으로 불리운다. 시금치에는 폐암을 예방하는 엽산이 많이 들어 있는데, 엽산(folic acid)의 활성을 향상시키는 비타민 B12가 많이 들어 있는 간, 등푸른 생선, 패류, 치즈 등과 같이 먹으면 좋다.
　시금치는 특히 임산부과 발육기의 어린이에게 좋은 식품으로 알려져 있는데, 엽산은 태아의 발육과 성장을 촉진시키고, 칼슘과 철분은 태아와 어린이의 골격과 뼈의 형성을 돕는다. 비타민 A는 채소 중에서 가장 많아 약 70g만 섭취해도 하루 필요량을 섭취할 수 있다. 데친 시금치에는 토마토의 2.2배의 비타민 C와 유채나물의 2배인 비타민 E가 들어있다.

시금치를 이용한 조리 및 음식은?

시금치 죽 : 불린 쌀과 쇠고기를 넣고 냄비에 볶다가 물을 붓고 끓인다. 죽이 어우러지면 시금치를 넣고 간을 한다.

시금치나물 : 끓는 물에 뚜껑을 열고 시금치를 데쳐서 소금, 파, 마늘, 깨소금, 참기름을 넣고 무친다.

시금치두부무침 : 데친 시금치에 두부 으깬 것을 섞어 소금, 깨소금, 참기름을 넣어 조물조물 무친다.

시금치연두부탕 : 멸치육수에 시금치와 마른새우를 넣고 끓이다가 파, 마늘을 넣고 간을 한 후 연 두부를 깍둑썰기 하여 넣고 불을 끈다.

시금치나물 ▶

Q&A

Q 시금치하면 뽀빠이가 생각나요. 만화에서 표현된 것처럼 그렇게 힘이 나는 식품인가요?

A 시금치는 라이신(lysin)이나 이소루이신(isoleucine)이라는 아미노산이 풍부해 주식이 쌀밥인 우리에게는 영양적으로 보완이 되지요. 시금치는 녹색채소의 왕이라고 불릴 정도로 비타민 C가 다량 함유되어 있고, 비타민 C의 효과를 증진시키는 엽록소가 풍부해요. 비타민 C는 면역력을 높여주어 몸이 건강해지도록 도와주지요. 시금치는 비타민 C뿐 아니라 비타민 A, B_1, B_2, Ca, Fe도 풍부하여 영양이 뛰어납니다.

Q 시금치를 많이 먹으면 몸에 담석이 쌓인다던데 사실인가요?

A 시금치는 우리 몸에 필요한 비타민 A, B_1, B_2와 비타민 C, 섬유질, 요오드 등이 골고루 들어있는 필수 영양식품이지만 다량 섭취 시 몸에 결석이 생길 수 있어요. 이는 시금치에 들어있는 수산(Oxalic acid)과 칼슘(Ca)이 결합하여 결석을 만들기 때문이에요. 하지만 일상 섭취량으로는 신장결석의 원인이 되지는 않지만 이미 결석이 있는 사람은 섭취를 금하는 것이 좋습니다.

Q 여드름이 많이 난 얼굴에 시금치 데친 물로 세수를 하면 효과가 있다고 하는데요, 정말로 피부에도 좋은 채소인가요?

A 시금치에는 질 좋은 섬유소가 있어 변비예방 효과가 있고, 시금치의 수산(Oxalic acid)은 위장과 신장을 강하게 하여 혈액순환을 돕기도 해요. 데치는 과정에서 수산의 떫은맛이 제거되며 단맛이 나는 향기가 있는 식품으로 피부를 윤기 있고 건강하게 한답니다.

Q 동초와 시금치가 조금 혼돈되는데, 어떻게 구별을 하나요?

A 동초와 시금치는 다른 것이에요. 동초는 유채의 사투리로 기름이 많이 나오는 채소라고 해서 유채라고 하는데, 겨울에 나오기 때문에 동초라고도 한답니다. 시금치 역시 내한성이 강해 겨울 채소로 적당하기에 동초와 시금치가 혼돈이 되는 것 같아요. 동초는 원래 제주에서 많이 재배했는데 겨울을 이기고 자라나온 유채나물이 힘을 많이 나게 하고 제주를 지키는 하루방이 먹는 나물이라 해서 '하루나' 라고도 해요.

Q 시금치를 어떻게 조리하는 것이 좋은가요?

A 시금치 잎은 매우 부드럽고 소화가 잘 되므로 노인이나 어린이에게 권할만한 식품입니다. 시금치는 떫은맛이 강해 생식하거나 그대로 조리하는 것은 좋지 않으며 살짝 데쳐서 먹는 것이 좋고 영양가를 높이기 위해 기름에 볶아주면 좋아요. 국이나 죽을 끓일 때 넣기도 하는데 시금치를 무칠 때는 많은 깨를 곁들여 먹으면 고소한 맛이 어우러져 맛도 좋아집니다.

시금치 구입 및 감별법

우리가 먹는 시금치는 크게 서양종과 재래종이 있는데 서양종은 줄기가 가늘고 길며 줄기 한 대에 두세 개의 잎이 달려있으며 연하다. 재래종은 키가 작고 서양종에 비해 도톰하며 줄기 한대에 잎이 여러 개가 달려 있다. 재래종은 '포항초' 라고도 하는데 서양종보다 영양이나 맛이 훨씬 좋고 값도 비싸다. 국거리로는 줄기가 긴 것이, 무침용으로는 짧고 뿌리 부분이 붉은 것이 좋으며, 잎이 뾰족하게 각진 것은 샐러드 같은 생식용으로 좋다.

시금치는 통통한 잎이 뿌리에서부터 빽빽하게 나 있고 잎이 많이 달려 있으며 잎의 면적이 넓고 표면이 매끄러운 것이 좋다. 줄기는 짧은 것이 좋은데 길이가 길고 잎이 작은 것은 화학비료를 많이 흡수해 자란 것이므로 좋지 않다. 뿌리는 연보라 빛을 띠며 진할수록 단맛이 난다.

선비들이 사랑한 맛
죽순

죽순의 역사 및 유래는?

죽순은 대나무류의 땅속줄기에서 돋아나는 어리고 연한 싹이다. 죽순의 순(筍)은 열흘간격으로 나오는 순을 뜻하는 말로 '우후죽순'이라는 말에서 알 수 있듯이 '봄비가 촉촉이 온 이후에 쑥쑥 자라난다'는 데서 온 말이다. 죽순은 죽이, 죽아, 죽태라고도 불리운다. 예로부터 그 맛이 부드럽고 순해 선비들의 많은 사랑을 받았다. 죽순 맛을 못 잊은 평양감사가 한겨울에 죽순을 구해오라고 하자 하인들이 대바구니를 삶아 올렸다는 이야기가 있을 정도이다.

죽순에 들어있는 영양소는?

종 류	열량(kcal)	수분(%)	단백질(g)	지질(g)	탄수화물		회분(g)	무기질
					당질(g)	섬유(g)		K (mg)
죽순	13.0	93.0	3.3	0.3	0.7	1.6	1.1	518.0

죽순의 영양성분표 (100g 당)〈한국영양학회 제7차 개정판〉

　　　　　죽순은 수분이 주성분이고 단백질, 당질, 섬유질이 많으며 칼슘, 인, 칼륨이 함유되어 있다. 죽순 고유의 맛은 글루탐산(glutamic acid) 등의 아미노산과 당류, 유기산, 아테닐산 등이 어울려 생긴 것이다. 죽순의 씹히는 맛을 내는 섬유질은 장의 연동운동을 도와주며 죽순의 풍부한 칼륨은 체내의 염분량을 조절해 주고 혈중 콜레스테롤을 저하시키는 작용을 하므로 고혈압과 동맥경화 예방에도 도움을 준다.

　　　　　죽순은 성질이 차가워서 몸에 열이 많은 사람이 가래와 어지럼증이 심할 때 먹으면 증상이 완화된다. 또 죽순에는 마음을 안정시키는 성분이 있어 정신적 스트레스가 심한 이들에게 좋다. 그러나 설사를 자주 하거나 몸이 찬 사람은 적게 먹는 것이 좋다.

죽순을 이용한 조리 및 음식은?

죽순 죽 : 죽순의 새순을 껍질째 삶아 식힌 다음 껍질을 벗겨 얇게 썰고 쇠고기채를 썰어 간장 양념한다. 불린 쌀과 쇠고기를 넣고 볶다가 물을 붓고 쌀이 퍼지도록 끓인 후 죽순을 넣고 더 끓인다.

죽순장아찌 : 죽순을 썰어서 항아리에 담고, 멸치국물을 내어 간장, 식초, 설탕을 농냥으로 넣고 끓여 식힌 다음 죽순이 잠길 정도로 부어 한 달 후에 먹는다.

죽순찜 : 죽순은 끓는 물에 데치고 등 쪽에 칼집을 넣어 쇠고기, 표고버섯, 홍고추 채 썬 것을 양념하여 칼집사이에 넣는다. 냄비에 죽순과 물을 약간 넣고 간을하여 끓이다가 달걀물을 끼얹는다.

죽순채 : 쇠고기, 표고버섯은 채 썰어 간장양념해서 볶고 숙주나물, 미나리는 끓는 물에 소금을 넣고 데쳐 물기를 살짝 짠다. 모든 재료를 섞어 새콤달콤한 간장양념으로 무친다.

죽순찜 ▶

Q & A

Q 죽순이 혈액순환과 기력 증강에 도움을 많이 주는가요?

A 죽순에는 칼륨이 풍부하여 혈액순환을 도와 피를 맑게 해 주고 혈중 콜레스테롤을 낮춰줍니다. 죽순은 동맥경화에도 좋은 역할을 하기 때문에 기력을 증강시켜 주고, 염분배출을 도와 혈압이 높은 사람에게도 좋습니다.

Q 여성들에게는 죽순이 다이어트 식품으로도 각광을 받고 있다고 하는데, 죽순이 다이어트에 도움이 되나요?

A 죽순은 100g당 13kcal로 열량이 매우 낮으며 포만감을 주는 식품이에요. 또한 섬유질이 1.6g나 있어 대장의 운동을 촉진시키므로 배변을 원활하게 하여 변비를 예방하기 때문에 다이어트 식품으로 좋아요.

Q 통조림으로 가공되어 있는 죽순에 하얀 앙금은 무엇인가요?

A 하얀 앙금은 부패한 것이 아니고 죽순에 들어있는 수산염, 전분, 단백질, 아미노산이 티록신과 결합해서 생기는 것이지요. 죽순을 물에 담궜다가 끓는 물에 죽순을 넣고 데치면 됩니다.

Q 생 죽순에는 아린 맛이 있는데 이것을 어떻게 하면 없앨 수 있나요?

A 죽순은 아린 맛을 제거하지 않고 조리하면 음식의 맛을 저하시킬 수 있어요. 죽순을 삶을 때 쌀뜨물에 담그면 수산이 잘 녹아 나고 쌀겨 안에 들어 있는 효소가 죽순을 부드럽게 해 주지요. 쌀뜨물에 존재하는 전분 성분이 나쁜 맛을 흡착하여 제거시켜 주고, 전분입자가 표면을 둘러싸게 되어 산화를 방지해주는 역할을 합니다.

Q 죽순의 겉껍질은 벗기는 것이 어려운데, 어떻게 벗겨야 하나요?

A 죽순 껍질을 벗기는 법은 껍질의 원뿔형 ⅓정도를 사선으로 칼집을 넣어 냄비에 물을 붓고 쌀뜨물이나 밀가루를 풀어 한 시간 정도 끓인 다음 불을 끄고 식혀요. 완전히 식은 후 칼집을 벌리면 하얀 죽순 살이 나와요. 죽순은 껍질을 벗겨서 삶기도 하지만 껍질째 삶으면 속 껍질의 아황산염의 작용으로 죽순이 하얗고 부드럽게 삶아지기도 하는데 살균작용도 해 주기 때문에 연한 죽순 맛을 볼 수 있게 됩니다.

죽순 구입 및 감별법

죽순을 구입할 때는 껍질에 솜털이 많이 나 있고, 외피가 담갈색으로 윤이 나며 끝 부분에 노란빛이 돌고, 전체적으로 통통한 모양새를 하고 있는 것이 좋다. 같은 부피일 때 비교적 무거우며 죽순을 싸고 있는 껍질에 광택이 있고 말라 있지 않으며 단면이 싱싱한 것이 좋다.
죽순의 마디 사이가 짧고 상부까지 흙이 묻어있는 것은 흙 속에 있었다는 증거이므로 연하고 품질이 좋다. 크기가 클수록 질기며 뿌리에 붉은 반점이 있거나 황색 또는 청색이 나는 것은 오래된 것이다. 국내산으로는 전라남도 담양산을 으뜸으로 친다.

산모들의 영양간식
호박

호박의 역사 및 유래는?

　　호박은 박과에 속하는 1년생 초본의 덩굴식물이다. 오랑캐로부터 전래된 박과 유사하다 하여 호박이라고 했는데, 남만(南蠻)에서 전래되었다고 해서 남과(南瓜), 승려가 먹었다고 하여 승소(僧蔬)라고도 불린다. 원산지는 페루의 안데스 산맥으로 콜롬버스가 15세기에 발견하여 유럽에 전해졌는데 척박한 토양에서도 잘 자라 세계적으로 널리 보급되었다.
우리나라에는 임진왜란 이후에 일본과 중국에서 들어왔는데 처음에는 사찰에서 주로 이용하다가 점차 부식과 구황식품으로 정착하게 되었다.

호박에 들어있는 영양소는?

종류	열량 (kcal)	수분 (%)	단백질 (g)	지질 (g)	탄수화물		회분 (g)	무기질	비타민		
					당질(g)	섬유(g)		K (mg)	A (R.E)	β-carotene (μg)	C (mg)
늙은호박	27.0	91.0	0.9	0.1	6.7	1.8	0.5	334.0	119.0	712.0	15.0
단호박	29.0	89.8	1.7	0.2	6.6	1.8	0.8	281.0	191.0	1145.0	19.0

호박의 영양성분표 (100g 당)<한국영양학회 제7차 개정판>

호박은 칼로리가 낮고 비타민, 무기질, 섬유질이 풍부한 다이어트식품이다. 특히 비타민 A의 전구체인 베타카로틴이 많은데, 100g당 1145μg로 풋고추(312μg), 토마토(542μg)보다 월등히 많다. 호박의 노란색을 나타내는 베타카로틴(β-carotene)은 뛰어난 항산화제로 노화와 암을 예방하는 것으로 알려져 있다.

호박이 노랗게 익어 갈수록 많아지는 당은 소화가 잘 되므로 노약자나 위장이 약한 사람들에게 권장할 만하다. 또한 늙은 호박은 부기를 빼 주므로 산모에게 좋은 식품으로 알려져 있는데 호박의 칼륨이 몸속 나트륨을 배설시키면서 수분을 배출시킨다.

호박을 이용한 조리 및 음식은?

호박선 : 애호박에 칼집을 내어 소금에 절인다. 쇠고기, 표고버섯, 석이버섯 등을 곱게 채 썰어 양념을 한 다음 애호박의 칼집 속에 소를 끼우고 물을 약간 부어 살짝 끓인다.

월과채 : 애호박, 쇠고기, 버섯 등을 채썰어 양념하여 볶고 찰부꾸미를 얇게 부쳐 채썰어서 함께 무친 나물이다.

호박만두 : 호박, 고기, 두부, 표고버섯을 곱게 채 썰어 섞어서 양념을 하여 소를 만든다. 밀가루를 반죽해서 만두피를 만들어, 준비한 소를 넣고 만두를 빚어 맑은장국에 넣고 끓인다.

늙은 호박김치 : 절여진 배추와 늙은 호박을 큼직하게 썰어 고춧가루, 파, 마늘, 생강등의 김치양념에 버무려서 알맞게 익힌다.

호박선 ▶

Q & A

Q 호박씨에는 어떤 영양소가 있는지요?

A 호박씨는 양질의 불포화지방으로 구성되어 있으며, 칼슘, 칼륨, 인 등의 각종 비타민이 풍부하고, 필수아미노산과 머리를 좋게 하는 레시틴(lecithin)이 골고루 들어 있어요. 특히 레시틴은 두뇌활동에 필요한 영양소로 성장기 어린이들에게 아주 좋아요. 그 밖에도 감기로 인한 가래, 기침에도 효험이 있습니다.

Q 호박을 먹으면 부기가 빠진다고 하여 많이들 먹는데, 어떤 성분 때문인가요?

A 호박은 수분이 많을 뿐 아니라, 호박의 칼륨이 몸 속 나트륨을 배설시키면서 몸 안에 쌓여 있는 수분을 배출시켜요. 호박은 부기를 빼 줘서 산모에게 좋은 식품으로 알려져 있습니다.

Q 늙은 호박을 많이 먹으면 손발이 노래지던데, 왜 그런가요?

A 늙은 호박을 많이 먹으면 호박 안에 있는 베타카로틴 성분 때문에 손발이 노랗게 변할 수도 있지요. 베타카로틴은 우리 몸이 비타민 A가 필요할 때 2개로 분리되어 비타민 A로 변하게 되지요. 이 베타카로틴을 오랫동안 꾸준히 먹으면 지방 조직에 쌓여 손발이 노랗게 변하게 되는 것인데, 섭취를 중단하면 바로 노란 기운은 사라지게 됩니다.

Q 호박은 보통 날것으로는 먹지 않고 익혀서 먹는데 영양소 파괴가 없나요?

A 호박에는 비타민 C를 파괴하는 아스코르비나아제라는 효소가 들어있기 때문에 가열처리 해서 익혀서 먹으면 비타민 C를 파괴하지 않아요. 그렇기 때문에 찌개에 넣어 먹거나 전을 부쳐 먹는 것이 좋아요. 또한 지용성 비타민인 베타카로틴이 풍부한 단호박은 쪄 먹어도 좋고, 기름에 볶거나 튀겨서 지방과 함께 먹으면 베타카로틴의 흡수를 높일 수 있습니다.

Q 호박잎을 이용한 요리에는 어떤 것들이 있을까요?

A 호박에 못지 않게 각종 영양가가 풍부한 호박잎은 주로 쌈으로 먹고 된장찌개에 넣어 먹어요. 호박잎은 크지 않은 것으로 준비해서 깨끗이 씻고, 줄기부분을 살짝 꺾어서 질긴 섬유질을 벗겨내 김 오른 찜 솥에 5분 정도 쪄서 된장이나 양념간장에 싸서 먹으면 맛있어요. 또한 손질해서 썰어 된장찌개에 넣어 먹기도 합니다.

호박 구입 및 감별법

애호박은 녹색이 짙고 광택이 나며 표면이 고르고 상처가 없으면서 꼭지가 마르지 않아야 한다. 단호박은 단면이 노랗고 표면에 윤기가 있으며 색이 짙은 것이 좋으며 들었을 때 묵직하고 씨가 큰 것이 좋다. 늙은 호박은 윤기가 흐르고 표면에 하얀 가루가 많이 묻어 있을수록 달고 맛있는데, 모양새가 둥글둥글하게 잘생기고 무게감이 느껴지는 것이 좋다. 돼지호박은 서양의 개량종으로 애호박에 비해 색이 짙고 모양이 길쭉하게 곧은 것이 좋다.

봄을 깨우는 나물

쑥

쑥의 역사 및 유래는?

쑥은 국화과에 속하는 다년초로 아무데서나 쑥쑥 잘 자란다 하여 이름 붙여졌다. 쑥은 애엽(艾葉), 빙대, 의초, 애고, 황초 등으로 불리 운다. 쑥은 우리나라 산과 들에서 쉽게 볼 수 있는데, 쑥과 마늘을 먹고 곰이 사람으로 되었다는 단군신화에서 알 수 있듯이 우리나라에서 오랜 옛날부터 식용과 약용으로 널리 쓰여왔다.

조선 후기에 간행된 「동국세시기(東國歲時記)」에 따르면 삼짇날(음력 3월3일)엔 부드러운 쑥잎을 따서 쌀가루에 섞어 쪄서 떡을 만들어 먹었고, 단오날(음력 5월5일)에도 쑥떡을 해먹었다. 단오날 오시(午時)에 익모초와 쑥을 뜯어 말려 두었다가 약으로 쓰면 효과가 크다고 전해 내려온다.

쑥에 들어있는 영양소는?

종류	열량 (kcal)	수분 (%)	단백질 (g)	지질 (g)	탄수화물		회분 (g)	비타민		
					당질(g)	섬유(g)		A (R.E)	B₁ (mg)	C (mg)
쑥	18.0	88.5	5.0	0.5	0.5	3.3	2.2	374.0	0.09	22.0

쑥의 영양성분표 (100g 당)<한국영양학회 제7차 개정판>

쑥은 칼슘 등의 무기질과 비타민 A, 비타민 B1, 비타민 C 등이 풍부하여 신진대사를 돕고, 치네올(Cineol)이라는 정유성분의 독특한 향이 있어 봄철 입맛을 돋우는 식품이다. 특히 비타민 A가 많아 약 80g만 먹어도 하루에 필요한 양을 충족할 수 있는데, 비타민 A가 부족하면 인체에 세균이나 바이러스가 침입했을 때 저항력을 잃기 쉽다. 쑥에는 또 비타민 C가 풍부하여 감기의 예방과 치료에 좋다. 동의보감에 '쑥은 독이 없고 모든 만성병을 다스리며, 특히 부인병에 좋고 자식을 낳게 한다.' 고 기록되어 있다.

쑥을 이용한 조리 및 음식은?

쑥굴레 : 쑥과 찹쌀가루를 섞어 김 오른 찜솥에 쪄서 방망이로 치댄다. 유자청 건지와 대추를 잘게 썰어 소를 넣어 경단모양으로 빚는다. 여기에 꿀을 발라 하얀 거피팥고물을 묻힌다.

쑥토장국 : 쌀뜨물에 된장을 걸러 넣고 끓이다가 쑥, 생굴, 다진 마늘, 파를 넣어 한소끔 더 끓인다.

쑥개떡 : 어린 쑥과 불린 멥쌀가루를 가루로 빻아 익반죽하여 동글납작하게 빚어 김 오른 찜솥에 쪄 내어 식으면 참기름을 바른다.

쑥영양밥 : 쌀과 물을 넣고 끓이다가 뜸을 들일 때 밥 위에 어린 쑥을 솔솔 뿌려 익힌다.

쑥부각 : 쑥에 찹쌀 풀을 발라 말려서 170℃ 정도의 식용유에 튀겨 낸다.

쑥 부각 ▶

Q 쑥은 종류가 다양한데요. 종류에 따라 효능도 다른가요?

A 쑥은 그 종류에 따라 효능도 달라지는데 위장병과 부인병에 좋은 약쑥과 참쑥, 간장병에 좋은 인진쑥과 사철쑥으로 나눌 수 있어요. 약쑥은 약효 성분이 많아 말 그대로 약용이나 쑥 찜용으로 많이 사용해요. 참쑥은 '애엽' 으로도 불리는데 쑥국, 쑥떡의 재료나 지혈, 복통의 치료제로 쓰여요. 인진쑥과 사철쑥은 효과가 비슷한데, 인진쑥은 해변 모래땅에서 자라는 게 효과가 더 뛰어나며 지방간이나 간염 치료제로 쓰이고 있습니다.

Q 여름에 쑥을 말려 태우면 모기나 벌레들의 침입을 막을 수 있다고 하던데 왜 그런가요?

A 여름밤 쑥으로 모깃불을 놓으면 모기가 가까이 오지 못해요. 또한 벌통에서 꿀을 뜨기 위해서 벌들을 쫓을 때도 쑥 연기를 내면 벌들이 가까이 오지 못하고 힘을 전혀 쓰지못해요. 이는 쑥에 '나프텐(naphthene)' 이라는 성분이 살충효능 뿐만아니라, 공기를 정화하는 기능도 있기 때문입니다. 모기는 후각이 발달되어 있어 쑥을 태우면 쑥이 타면서 나는 향 때문에 모기들이 모여 들지 않습니다.

Q 쑥은 들에서 항상 볼 수가 있는데, 언제 뜯은 쑥이 제일 좋은가요?

A 우리 선조들은 단오에 쑥즙을 마시면 일년 내내 더위도 타지 않고 건강하다고 했어요. 단오가 지나면 약효가 떨어지기 때문에 단오 이전에 쑥을 뜯어 말리는 것이 좋아요.

Q 쑥을 파릇하게, 색이 변하지 않게 오랫동안 보관할 수 있는 방법이 있나요?

A 쑥은 깨끗하게 씻어 물기를 바짝 말린 다음 봉지에 넣어 냉동실에 보관하면 오래 두고 먹을 수 있어요. 하지만 쑥을 말리기가 쉽지 않으며 부피도 많이 차지하여 살짝 데친 후에 냉동 보관하는 것이 좋아요. 데친 쑥은 물기를 적당히 짠 후 한 번에 먹을 만큼씩 여러 봉지로 나누어 냉동 보관하면 됩니다.

Q 쑥으로 요리를 할 때 주의해야 할 점은 무엇인가요?

A 쓴맛 성분은 쑥이 어릴수록 적게 들어 있어서 어린 쑥을 사용하는 것이 좋아요. 쑥은 먹기 전에 삶아서 물에 하룻밤 우려내거나 대바구니에 으깨듯이 문질러 씻어 쓴맛을 없앨 수 있어요. 쑥밥을 만들 때는 미리부터 쑥을 넣으면 누렇게 변하므로 뜸을 들일 때 밥 위에 술술 뿌려 뜸을 들이는 것도 좋고, 튀김을 할 때는 어린 것보다는 줄기가 좀 자랐을 때 끝 부분만 밀가루를 뿌리고 반죽 옷을 씌워 줄기가 서로 붙지 않게 털면서 튀겨내면 됩니다.

쑥 구입 및 감별법

쑥은 잎이 연하고 향이 강해야 하며 줄기는 연하며 짧은 것이 좋다. 쑥의 쓴맛 성분인 아르테미신(artemisin) 등은 쑥이 어릴수록 적게 들어 있어 쓴맛이 약하기 때문에 어린 쑥을 음식에 사용하면 좋다. 쑥가루로 만들어진 것을 구입할 경우 날짜를 확인하고 녹색의 쑥색이 선명하고 밝은 색을 고르고 향내가 좋은 것으로 구입한다.

입맛을 돋우는 봄나물
냉이

냉이의 역사 및 유래는?

　　　　냉이는 십자화과에 속하는 두해살이풀로 「본초강목(本草綱目)」에는 냉이를 왕성하고 풍성한 풀이라는 뜻으로 제(薺) 또는 제채(薺菜)라고 한다. 가난한 사람들의 식량으로 이용되어왔으며 맛이 부드러워 100살 먹은 노인도 냉이국을 먹을 수 있어 냉이를 백세갱(百歲羹)이라 부르기도 한다. 중국의 시경에 인용될 정도로 식용의 역사가 긴 냉이는 봄의 춘곤증을 없애고 입맛을 돋우는 대표적인 봄 나물이다.
우리나라 사람들이 자연에 순응해 살 듯 음식도 자연 그대로 살려서 먹었는데 나물요리가 발달한 것도 그러하다. 우리나라의 나물음식은 육식을 못하게 하는 불교의 영향을 받았으며, 기근에 살아남기 위해 구황식품으로 발달하기 시작하였다.

냉이에 들어있는 영양소는?

종류	열량 (kcal)	수분 (%)	단백질 (g)	지질 (g)	탄수화물		회분 (g)	무기질		비타민
					당질(g)	섬유(g)		Ca (mg)	Fe (mg)	A (R.E)
냉이	31.0	87.8	4.7	0.7	3.8	7.05	1.40	145.0	5.2	189.0

냉이의 영양성분표 (100g 당) <한국영양학회 제7차 개정판>

     냉이는 채소 중에서 단백질 함량이 가장 많은 것 중의 하나로 시금치의 2배 이상을 갖고 있으며, 칼슘과 철분이 많은 알칼리성 식품이다. 봄이 되면 우리의 몸이 활동기로 접어들어 많은 비타민을 필요로 하게 되는데, 냉이에는 비타민 A, B₁, B₂, C 등이 다량으로 함유되어 있어서 춘곤증 예방에 효과가 있다. 특히 냉이의 잎 속에는 비타민 A가 매우 많아 냉이를 100g만 먹으면 성인이 하루에 필요한 비타민 A의 ⅓은 섭취하게 된다.

「동의보감(東醫寶鑑)」에는 '냉이로 국을 끓여 먹으면 피를 간에 운반해 주고, 눈을 맑게 해 준다'고 기록되어 있다. 간염, 간경화, 간장쇠약 등의 간질환에는 냉이를 뿌리째 씻어 말린 것을 가루로 내어 식후에 복용하는 방법이 민간요법으로 널리 사용되어 왔다.

냉이를 이용한 조리 및 음식은?

냉이나물 : 냉이는 손질하여 끓는 물에 데치고 양념 고추장을 만들어 조물조물 무친다.

냉이죽 : 쌀과 양념한 쇠고기를 볶다가 물을 붓고 끓인다. 쌀알이 퍼지면 냉이를 송송 썰어 넣고 간을 맞춘다.

냉이영양찐빵 : 밀가루에 베이킹파우더, 설탕, 소금, 우유를 넣고 반죽을 하다가 잘게 썬 냉이, 당근을 넣고 성형하여 찐다.

냉이전 : 냉이를 콩가루로 묻힌 다음 밀가루를 풀어 놓은 물에 앞뒤로 살짝 담가 팬에 지진다.

냉이나물 ▶

Q&A

Q 냉이는 봄에 특히 좋다고 하는데 어디에 좋은가요?

A 봄이 되면 비타민 부족으로 나른한 피로감을 느끼는데 봄나물인 냉이에는 유난히 비타민이 많이 들어있어 피로감을 줄일 수 있어요. 특히 냉이는 콜린(choline)이라는 성분이 함유되어 있어 간 기능을 강화시켜 간장에 지방이 축적되는 것을 막아 주고 지방간의 치료에도 효과가 있습니다.

Q 냉이를 먹으면 시력이 좋아진다고 하는데, 정말인가요?

A 봄철 대표나물인 냉이에는 비타민이 풍부해요. 특히 비타민 A가 풍부한데, 이는 베타카로틴이라는 전구체로 존재하다가 체내에서 비타민 A로 바뀌지요. 비타민 A는 눈을 밝게 해주기 때문에 냉이를 오랫동안 먹으면 시력이 좋아집니다.

Q 냉이는 봄 냉이뿐만 아니라 가을 냉이도 있다고 하는데 봄 냉이와 가을 냉이가 어떻게 다른가요?

A 봄 냉이는 뿌리의 심이 가늘고 가을 냉이는 심이 굵어요. 가을 냉이는 봄 냉이에 비해 맛이 덜하고 거칠어요.

Q 냉이를 조리할 때 잘못 다듬으면 풋내가 나서 맛이 떨어지는데요. 어떻게 다듬고 조리를 해야 풋내와 쓴맛을 제거할 수 있나요?

A 냉이를 다듬을 때 뿌리와 잎 사이에 흙과 잔털을 미리 제거하고 찬물에 빡빡 문질러 씻으면 풋내가 나기 때문에 물에 잠시 담궜다가 살살 흔들어서 씻는 것이 좋아요. 또한 물에 담그거나 끓는 물에 살짝 데치면 쓴맛을 제거할 수 있습니다.

Q 냉이국을 끓일 때 맛있게 끓이는 방법이 있나요?

A 냉이국을 끓일 때 된장에 쌀뜨물을 넣으면 더 구수해지고, 냉이를 날콩가루에 무쳐서 끓을 때 넣으면 동동 뜨고 고소한 맛이 더 납니다. 냉이를 끓일 때 쌀뜨물과 날콩가루를 이용하면 단백질의 상승효과가 커져 영양이 향상될 뿐 아니라 비타민 B_1과 비타민 C의 파괴가 적어져서 좋아요.

냉이 구입 및 감별법

요즘은 재배기술이 발달하여 하우스에서 대량 재배되어 1년 내내 구입이 가능하지만 이른 봄부터 저절로 자라난 것이 향이 좋고 맛이 있다. 냉이를 직접 채취할 때는 인적이 드문 곳에서 자란 것이 깨끗하고 연하며 사람이 많이 지나다니는 곳에서 자란 냉이는 억세고 단맛도 덜 하다.
잎이 크지 않고 뿌리가 실한 것을 골라야 하며 뿌리가 너무 굵고 잎이 누렇게 변해 있는 것은 맛이 없으므로 구입하지 않는 것이 좋다. 구입하고 시간이 지날수록 풍미가 떨어지기 때문에 가능하면 빨리 조리하는 것이 좋다.

천연 비타민제
딸기

딸기의 역사 및 유래는?

        딸기는 장미과에 속하는 다년생풀로 남아메리카가 원산지인 양딸기는 품종에 따라 모양과 빛깔이 다양하다. 미국과 유럽에서 두루 생산되고 있는 딸기는 북유럽 신화에 나오는 프리카 여신에게 바칠 정도로 맛이 뛰어난 과일이다. 영국에서는 행복한 결혼 생활을 "설탕과 크림을 얹은 딸기"로 표현하기도 하였다.

우리나라에 양딸기가 도입된 시기와 경로는 확실치 않으나 20세기 초에 일본에서 전해진 것으로 추정된다. 야생으로 서식하는 것은 나무딸기로 '복분자(覆盆子)'라 하는데 허약한 병자가 나무딸기를 먹고 원기가 회복되어 소변을 볼 때 요강이 뒤짚어 졌다는 이야기에서 붙여진 이름이다.

딸기에 들어있는 영양소는?

종류	열량(kcal)	수분(%)	단백질(g)	지질(g)	탄수화물		회분(g)	비타민
					당질(g)	섬유(g)		C (mg)
재래종	26.0	91.5	0.8	0.1	6.2	1.55	0.40	82.0
계량종	27.0	92.2	0.9	0.2	4.3	{1.55}	0.50	99.0

딸기의 영양성분표 (100g 당)<한국영양학회 제7차 개정판>

 딸기는 열량이 낮고 각종 비타민과 무기질이 풍부한 과일이다. 특히 비타민 C가 100g당 99mg(개량종)으로, 사과의 20배이며, 귤의 두 배가 넘을 정도로 비타민 C가 많은 과일이다. 하루 비타민 C 권장량은 60~70mg으로 딸기 5~6알이면 하루 필요한 비타민 C를 충족할 수 있다. 비타민 C는 체내 산화를 방지하여 암을 예방하고 세포와 혈관을 튼튼하게 해 줘서 탄력있는 피부를 만든다.
 딸기를 먹을 때 설탕을 뿌려서 먹는 것은 좋지 않은데 설탕은 딸기의 비타민 B1의 흡수를 방해하기 때문에 영양 효율을 낮추기 때문이다. 딸기에는 사과산(malic acid), 구연산(citric acid), 주석산(tartaric acid) 등의 유기산이 0.6~1.5% 함유되어 있어 미각을 자극하여 식욕을 증진시킨다.

딸기를 이용한 조리 및 음식은?

딸기떡 케익 : 믹서에 생딸기를 넣고 곱게 갈아 쌀가루에 섞어 체에 내린 다음 적당량의 설탕을 섞고 용기에 담아 김 오른 찜솥에 찐다.

딸기 셔벗 : 딸기를 믹서에 곱게 갈아 약간의 레몬즙과 꿀을 섞어 넓적한 그릇에 담아 얼리면서 중간 중간 포크로 저어서 얼리기를 반복한다.

딸기잼 : 딸기를 씻어 물기를 빼고 설탕을 뿌려 20분 정도 방치하다 불에 올려 거품을 걷어가며 끓인다. 농도가 걸쭉해 지면 레몬즙을 넣고 끓이다가 수저로 떠서 물에 떨어뜨려 보아 흩어지지 않으면 불을 끄고 소독한 병에 담는다.

딸기젤리 : 딸기와 물, 설탕을 넣고 믹서에 갈아 쥬스를 만든다. 중탕으로 녹인 젤라틴을 딸기 쥬스에 넣고 섞어서 모양 틀에 넣고 2시간 정도 굳힌다.

딸기떡 케익 ▶

Q&A

Q 딸기와 복분자의 차이는 무엇이지요? 복분자는 어떻게 먹어야 그 영양소를 제대로 살릴 수 있나요?

A 일반 딸기는 4월에서 6월 사이에 재배되고 복분자는 품종에 따라 6월 초순에서 7월 말까지 또는 늦가을까지 재배되지요. 복분자의 영양소는 딸기와 비슷한데 복분자차나 복분자술로 마실 수 있어요. 보통 '산딸기' 나 '나무딸기' 라는 이름으로 익숙한 복분자는 당분과 산이 알맞게 함유되어 맛이 좋기 때문에 생으로 먹기도 하지만, 산딸기의 열매가 익기 시작할 때 따서 말렸다가 약재로도 사용합니다. 복분자는 간(肝)과 신장(腎臟)의 기능을 보하는 작용이 있습니다.

Q 딸기는 달고 맛있어서 한 번 먹으면 한 접시 뚝딱 먹게 되는데요, 많이 먹게 되면 살 찌는 것은 아닌지요?

A 딸기는 보통 크기 1개의 무게가 20g정도인데 5개를 먹어도 26 Kcal밖에 안되지요. 또 딸기의 단맛 성분인 자이리톨(Xylitol)의 열량이 설탕보다 75% 낮아 다이어트에도 좋은 식품입니다.

Q 과일은 담배를 피우는 사람들에게 좋다고 하는데 딸기도 그런 작용이 있는지요?

A 담배 한 대를 피우면 오이 5개 분량인 비타민 C 25mg이 몸에서 빠져나가는데, 딸기 5개 정도에는 99mg의 풍부한 비타민 C가 있어 담배를 피워 비타민 C의 손실이 많은 사람이 먹으면 비타민 C를 보충하는데 좋은 역할을 합니다.

Q 딸기와 같이 먹으면 좋은 식품이 있나요?

A 딸기는 설탕을 안 넣고 먹는 것이 비타민 B₁의 손실을 막는 방법이에요. 설탕 대신 꿀, 우유, 유산음료 등을 얹어서 먹으면 딸기의 부족한 단백질, 칼슘 등을 보강하는 좋은 방법이지요. 딸기 쥬스를 할 때도 비타민 파괴를 줄이기 위해 금속이 아닌 유리나 플라스틱 제품을 이용하는 것이 좋습니다.

Q 딸기는 농약이 많다고 하는데 잘 씻어서 먹는 방법이 있나요?

A 딸기를 물에 담그면 비타민 C가 흘러나오므로 씻을 때는 꼭지를 떼지 말고 소쿠리에 담아 흐르는 물에 3번 정도 빨리 헹궈냅니다. 흔히 물에 씻고 마지막에 소금물에 씻으면 딸기의 단맛을 더 느낄 수 있지만 삼투압 때문에 오히려 농약이 스며들 수가 있습니다.

딸기 구입 및 감별법

딸기는 전체적으로 붉은 기가 돌고 꼭지가 파룻파룻하게 광택이 있고 종 모양이 위로 향해 뒤집어진 모양이 가장 달고 맛있다. 표면이 울퉁불퉁하고 씨가 튀어 나온 것은 보기도 좋지 않고 맛도 덜하다. 간혹 딸기의 속이 빈 것이 있는데 이것은 자라는 동안 자연스럽게 생겨난 공실이기 때문에 농약을 많이 치거나 부실한 것은 아니다. 때문에 맛이나 영양면에서 떨어지는 것이 아니다.

두뇌를 활성화 시키는 완전식품
달걀

달걀의 역사 및 유래는?

　　일반적으로 닭이 생산한 알을 달걀이라 하고 '생명의 시작'이라는 상징적인 의미를 갖기도 한다. 우리나라에서는 옛날부터 좋은 닭이 많이 생산되었을 뿐 아니라 달걀에 얽힌 신화도 많아 신라의 시조 박혁거세, 석탈해, 김수로왕, 주몽 등은 달걀에 얽힌 전설을 갖고 있다.
1973년 경주 천마총 발굴 당시 부장품 상자 안에 장군형 토기에서 천여 년 된 달걀이 출토되었는데 알과 관련된 탄생설화와 관계가 있어 신성시 여겨 무덤 속에 부장한 것으로 보인다. 서양에서도 새로운 삶을 상징하여 부활절에 달걀을 먹는다.

달걀에 들어있는 영양소는?

종 류	열량(kcal)	수분(%)	단백질(g)	지질(g)	탄수화물		회분(g)	무기질
					당질(g)	섬유(g)		Fe (mg)
달걀	158.0	74.4	12.7	1.0	1.0	0.0	0.90	1.8

달걀의 영양성분표 (100g 당)<한국영양학회 제7차 개정판>

달걀은 완전식품이라고 알려질 만큼 건강을 유지하는데 필요한 모든 영양소가 골고루 함유되어 있다. 달걀의 단백질은 최고를 100으로 봤을 때 93.7%로 생선 84.5%, 쇠고기 74.3%와 비교했을 때 월등히 높은 수치로 양질의 단백질을 저렴하게 얻을 수 있는 최고의 식품이다. 따라서 어린이의 성장 촉진과 환자의 체력회복에 권장할만하다. 달걀의 노른자에는 레시틴(lecithin)이 많은데, 레시틴은 뇌와 신경조직의 구성성분이며 뇌를 활성화시키기 때문에 기억력, 집중력, 학습력이 좋아진다.

달걀을 이용한 조리 및 음식은?

달걀홍차조림 : 냄비에 물, 홍차, 돼지기름, 파, 생강, 설탕, 소금, 후추 등의 조미료와 산초, 팔각, 계피 등의 한방재료를 넣어 끓인 뒤 달걀을 넣고 조린다.

달걀국 : 멸치국물에 양파를 채썰어 넣고 간을 맞추어 청·홍고추 어슷썬 것을 넣는다. 달걀은 풀어 원을 그리듯 조금씩 넣어 후춧가루와 참기름을 넣고 불을 끈다.

달걀우유죽 : 불린 쌀을 믹서에 갈아 물을 넣고 끓이다가 농도가 걸쭉해 지면 우유를 넣고 더 끓여 그릇에 담고 달걀 노른자를 섞는다.

달걀찜 : 달걀과 물을 섞어 체에 거르고 새우젓으로 간을 맞춘 뒤 김 오른 찜 솥에 넣어 찜을 한다.

달걀찜 ▶

Q&A

Q 달걀이 다이어트 식품으로도 좋다고 하는데요. 정말 그런가요?

A 다이어트에 관심이 많은 여성들에게 달걀은 매우 좋은 식품이에요. 삶은 달걀 한 개의 열량은 80kcal밖에 되지 않지만 위 속에 머무는 시간이 3시간 15분이나 되기 때문에 포만감을 주어 과식을 예방할 수 있어요.

Q 콜레스테롤 때문에 달걀을 잘 드시지 않는 분들이 있는데요. 하루에 몇 개정도 먹는 것이 적당한가요?

A 달걀에 있는 레시틴(lecithin)은 비타민 F인 필수지방산과 인 그리고 콜린(choline), 이노시톨(inositol)이 결합된 복합물질로 혈액중의 콜레스테롤 농도를 낮추어 주는 작용을 합니다. 콜레스테롤 함량이 높은 달걀을 먹어도 혈중 콜레스테롤이 상승되지 않는 가장 큰 원인은 바로 달걀 노른자에 들어 있는 레시틴 때문이지요. 따라서 정상적인 성인의 경우 하루에 2개의 달걀 섭취는 별 문제가 되지 않습니다.

Q 튀김요리, 부침요리, 그리고 온갖 종류의 고명, 샐러드, 찜까지 계란이 안 들어가는 곳이 없는데, 어떻게 먹는 것이 달걀 고유의 영양소를 파괴하지 않고 잘 먹을 수 있나요?

A 달걀은 익혀 먹어야 안전하고 알레르기 유발 물질도 줄어들어요. 달걀 노른자는 살모넬라(salmonella)균의 감염 위험이 있어 세균으로부터 안전하지 않기 때문에 가급적이면 날 것보다는 익혀 먹는 것이 좋습니다.

Q 달걀을 먹을 때 함께 먹으면 좋은 음식은 무엇인가요?

A 달걀은 산성식품으로 영양만점의 완전식품이라고 하지만 한 가지 부족한 것이 있어요. 바로 비타민 C가 거의 없다는 것이지요. 비타민 C가 부족하면 우리 몸은 면역력이 떨어지기 때문에 비타민 C가 많은 알칼리성 식품인 채소나 과일을 달걀과 함께 먹으면 영양면에서 완벽하다고 할 수 있습니다.

Q 달걀을 보관하려면 어떻게 하는게 좋은지요?

A 달걀을 냉장실에 보관할 때 뾰족한 부분이 아래로 가도록 하는 것이 좋아요. 냉장고에 있던 달걀을 갑자기 상온에서 보관하게 되면 온도 변화로 인해 달걀 품질이 떨어지기 때문에 넣었다 꺼내는 일을 반복하지 않는 것이 좋고요.
달걀을 보관할 때는 1개월 정도 보관할 수 있는데 달걀은 냄새가 잘 스미는 식품 중의 하나이기 때문에 생선이나 양파, 김치 등 향이 진한 음식 재료 옆에 놔두면 나쁜 냄새를 흡수하므로 주의하는 것이 좋습니다.

달걀 구입 및 감별법

달걀은 신선한 것일수록 껍질이 거칠고 묵은 것일수록 껍질이 매끈하다. 껍질 표면을 감싸고 있는 얇은 막이 시일이 경과하면서 벗겨지기 때문이다. 또한 크기에 비해 무게가 있는 것이 좋다. 살짝 흔들어 보면 오래된 것은 흰자나 노른자가 흔들린다는 느낌을 받는다.
달걀은 매장이 청결하고 햇빛이 닿지 않는 서늘한 장소에 놓여져 있는 것이 관리가 잘된 것이며, 상품회전이 빠른 곳에서 구입하는 것이 좋다.

기운을 북돋아 주는 생선

조기

조기의 역사 및 유래는?

조기는 민어과에 속하는 생선으로 사람의 기운을 북돋아 준다는 의미에서 조기(助氣)라는 이름이 붙어졌다. 또한 두개골 속에 돌같이 단단한 2개의 은황색의 뼈가 있다 해서 석수어(石首魚), 석어(石魚)라고도 하며, 곡우 때가 맛이 좋아 '곡우 살이'라고도 한다. 고려 인종 때 인종의 외할아버지인 이자겸이 스스로 왕이 되기 위해 난을 일으켰으나 결국 인종에 의해 영광 법성포로 유배를 떠나게 되었다.
유배지에서 많이 잡히는 조기의 맛을 보고 감탄한 이자겸은 임금에게 진상했고, 인종이 무슨 고기냐고 묻자 결코 굴복하지 않겠다는 속내를 담아 굴할 굴(屈) 아닐 비(非)자를 써서 굴비라고 답했다고 한다. 그 후 영광굴비는 임금님 진상품이 되었는데, 굴비는 소금에 절여 말린 조기를 뜻한다.

조기에 들어있는 영양소는?

종류	열량(kcal)	수분(%)	단백질(g)	지질(g)	탄수화물		회분(g)
					당질(g)	섬유(g)	
조기	138.0	72.7	19.2	6.2	0.1	0.0	1.8
굴비	178.0	67.3	18.6	10.9	0.1	0.0	3.3

조기의 영양성분표 (100g 당)<한국영양학회 제7차 개정판>

　　　　　조기는 탄수화물, 단백질, 지질, 무기질, 비타민 등의 영양소가 골고루 함유하고 있다. 특히 성장 발육과 생활에 필요한 우수 단백질을 다량 함유하고 있는데, 육류의 단백질과 달리 체내 흡수율이 높아 노인과 어린이, 특히 체질이 허약한 자나 회복기에 있는 환자에게 권장할 만한 식품이다.
배탈이나 설사, 배가 부글부글 끓어오르는 소화불량에 수련과에 속하는 다변성 물풀인 순채와 함께 끓여 먹으면 좋고, 머릿속의 돌 같은 뼈는 결석증 치료시 갈아서 이용하면 효과가 있다. 조기를 자연 해풍에 건조시킨 굴비는 신장염이나 결석치료에도 효험이 있다.

조기를 이용한 조리 및 음식은?

조기매운탕 : 냄비에 양념한 쇠고기를 넣고 볶다가 물을 붓고 고추장과 고춧가루를 풀어서 국물을 끓인다. 국물이 끓으면 손질한 조기와 파, 마늘, 고추, 호박을 넣고 한소끔 끓인 후 간을 맞춘다.

조기백숙 : 조기를 손질하여 5cm정도로 잘라 소금을 약간 뿌렸다가 물을 붓고 끓인 다음 파, 마늘을 넣고 간을 한다.

굴비 찜 : 굴비는 머리를 떼어 내고 손질하여 통째로 그릇에 담아 참기름을 바르고 파, 마늘, 고춧가루를 고루 얹어 밥 위에 찌거나 김 오른 찜 솥에 찐다.

조기조림 : 냄비에 무를 깔고 조기를 올린 후 간장, 고춧가루, 고추장, 파, 마늘, 생강 등의 양념장을 얹고 물을 자작하게 부어 은근한 불에서 조린다.

조기조림 ▶

Q&A

Q 조기를 굴비로 건조했을 경우에 영양성분의 차이가 있나요?

A 굴비는 조기를 소금에 절여 말린 것으로 영양소의 파괴가 크지 않으며, 칼륨과 나트륨 등의 무기질이 오히려 증가해요. 굴비로 가공했을 때 비타민 A의 양은 생조기에 비해 3배 이상 증가하게 되지요. 비타민 A는 생체의 면역기능을 높여주며 시력보호에 커다란 역할을 해요. 또한 조기 중의 칼슘 양은 꽁치나 고등어와 같은 등 푸른 생선의 2~4배로 성장기 어린이에게 많은 도움을 줍니다.

Q 굴비와 궁합이 좋은 것은 무엇인가요?

A 굴비를 먹을 때는 알칼리성 식품과 함께 먹는 것이 좋아요. 조기에 소금이 들어가면서 산성식품으로 바뀌었기 때문에 채소나 해조류, 감자 같은 식품과 함께 먹는 것이 좋습니다.

Q 굴비의 손질법 및 보관법에 대해 말씀 해주세요?

A 굴비는 조리할 때에 다시 물에 씻을 필요 없이 그대로 조리하면 되요. 영광굴비는 천일염을 이용하여 해풍에 건조시킨 것이므로 냉동실에 보관하고 먹을 때마다 꺼내는 것이 좋은데, 2개월을 넘지 않도록 해야 해요.

Q 조기젓은 어떤 것으로 해야 하나요?

A 조기젓은 5~6월경에 잡은 흠 없는 신선한 조기를 사용합니다. 먼저 비늘을 긁고 내장을 빼고 소금물에 씻어 아가미에 소금을 듬뿍 넣습니다. 목이 좁은 항아리에 조기를 차곡차곡 넣어 제일 위에 소금을 하얗게 덮고 서늘한 그늘에 저장하여 두었다가 가을철부터 먹기 시작합니다.

Q 영광굴비가 왜 유명한가요? 영광굴비 만드는 방법이 궁금하네요?

A 영광굴비는 1년 이상 간수를 뺀 소금으로 간하여 하루 정도 재웠다가 습습한 소금물에 3회 정도 씻어요. 그런 다음 보름 정도 해풍에 건조시킨 것입니다. 영광굴비는 일반적으로 건조 시킨 굴비에 비해 무기질과 글루탐산이 증가하여 맛도 더 좋고 나쁜 냄새도 적기 때문에 유명하지요. 감칠맛이 일품인 영광굴비를 만드는 방법은 3월경에 소나무 장대를 이용하여 밑은 넓고 위는 좁은 원모양의 건조장을 만들어 그 주위를 짚발로 둘러싼 후 맨 위가 틔어 있는 건조장 안에 조기를 걸어 놓고 밑바닥 한 가운데에 구덩이를 파서 숯불을 피워 말리는 게 특색입니다.

조기 구입 및 감별법

조기는 비늘이 은빛이며, 입술이 붉은색이고, 살이 탄력 있는 것이 좋으며, 배가 선명한 황색인 것을 고른다. 국내산 참조기는 안구 주위가 노랗고 수입산은 붉은색이다. 국내산은 배가 선명한 황색을 띠며 지느러미가 노란색이지만, 수입산은 조기의 배가 흰색이면서 지느러미 또한 회색이다. 건조 상태에서 비린내가 심하지 않고 냉동상태가 잘 되어있는 것으로 고른다.

성장기 어린이에게 좋은 영양제

꽃게

꽃게의 역사 및 유래는?

꽃게는 갑각목 꽃게과의 갑각류이다. 한자로는 '해(蟹)'라고 하며, 한글로는 '궤'라 하였다. 특히 꽃게는 강원도에서는 '날개꽃게' 충청도에서는 '꽃그이'라고 부른다. 보통 게와는 달리 헤엄을 잘 치기 때문에 서양에서는 'swimming crab'이라고 한다.

꽃게는 우리나라, 일본, 중국해역 등에 분포되어 있는데 꽃게를 이용한 음식의 기록으로는 「증보산림경제(增補山林經濟)」, 「규합총서(閨閤叢書)」에 적혀 있다. 기록에는 게 기르는 법, 이용법, 식용 시기, 유해한 게의 감별법, 게장이 많이 생기도록 하는 방법들이 설명되어 있다. 우리 조상들은 꽃게는 주로 찜을 하고 참게는 게장을 담갔다.

꽃게에 들어있는 영양소는?

종류	열량(kcal)	수분(%)	단백질(g)	지질(g)	탄수화물		회분(g)	무기질
					당질(g)	섬유(g)		Fe (mg)
꽃게	122.0	75.0	17.9	5.0	0.1	0.0	2.2	1.0

꽃게의 영양성분표 (100g 당)<한국영양학회 제7차 개정판>

꽃게는 단백질을 포함한 각종 영양 성분을 풍부하게 함유하고 있으며 게의 단백질에는 루이신(leucine), 아르기닌(arginine) 등 필수 아미노산이 많이 들어 있다. 특히 살이 부드럽고 연해 소화가 잘 되므로 성장기 어린이, 회복기 환자나 노인에게 좋은 식품이다. 지방과 비타민 함량은 낮고 Ca, P, Fe 등의 무기질은 풍부한데, 특히 철분의 흡수율이 아주 높다.

게의 껍데기에 들어 있는 키틴은 면역력을 강화시키는 성분으로 인체에 흡수하기 좋은 키토산을 추출해 건강식품의 원료로도 이용된다. 꽃게의 감칠맛을 내는 성분은 글루타민산, 이노신산 등의 핵산으로 세포를 활성화시키며 노화를 예방한다.

꽃게를 이용한 조리 및 음식은?

게감정 : 게살을 발라 다진 쇠고기, 두부, 데친 숙주를 곱게 다져 섞고 게 껍질에 다시 넣어 앞면만 밀가루, 계란을 씌워 지진다. 고추장, 된장을 풀어 게 다리를 넣고 끓이다 지진 게를 넣고 잠시 더 끓인다.

꽃게탕 : 꽃게, 해물, 무, 콩나물 등을 넣고 고춧가루, 고추장 양념을 하여 끓이다가 파, 마늘을 넣고 간을 한다.

간장게장 : 꽃게를 손질하여 꽃게 배 부분이 위로 오게 통에 담아 놓고 간장과 물을 짜지 않게 섞어 끓여 식힌다. 꽃게 위에 마늘, 양파, 생강을 넣고 끓여 식힌 간장을 붓고 이틀간 냉장 보관한 뒤 꺼내서 국물만 다시 한 번 끓여 식힌 다음 부어 하루를 더 둔다.

양념꽃게장 : 꽃게에 소금을 뿌려 간이 베이게 한 후 고춧가루, 물엿을 넣어 잘 버무려 준 다음 청ㆍ홍고추, 실파, 통깨를 넣어 완성한다.

게감정 ▶

Q&A

Q 꽃게가 특히 여성들에게 좋다고 하는데요. 어디에 좋은가요?

A 꽃게는 적혈구의 혈색소인 헤모글로빈(hemoglobin)을 구성하는 철분이 풍부해요. 특히 여성은 생리를 통하여 상당량의 철분을 잃기 때문에 남성에 비해 철분 필요량이 더 많고, 철분 결핍성 빈혈에 걸릴 확률도 더 높아요. 따라서 헤모글로빈을 구성하는 철분이 풍부한 꽃게는 여성 보양식이라고 할 수 있습니다.

Q 꽃게는 성인들에게만 좋은 식품인가요? 어린이들에게는 어떤 좋은 효능이 있나요?

A 꽃게에는 성장기 어린이들에게 좋은 단백질이 풍부하고 아르기닌(arginine), 라이신(lysine), 히스티딘(histidine) 등 필수아미노산이 풍부한데, 특히 히스티딘과 아르기닌은 어린이 성장발육에 좋아요. 꽃게에는 칼슘, 인, 철, 비타민 D도 많은데 꽃게 살에 있는 철분은 흡수율이 아주 높기 때문에 이런 영양소들은 성장기 어린이의 골격형성에도 좋고 뼈를 튼튼하게 하기 때문에 좋은 식품입니다.

Q 꽃게의 암컷과 숫컷은 어떻게 구분하나요?

A 암게는 배 부분에 동그란 반달 모양의 덮개가 있고 숫게는 길다란 종추형 모양의 덮개가 있어요. 숫게가 암게에 비해 전체적으로 크고 다리가 길어요. 암게가 알이 있는지 없는지를 알아보려면 배 부분을 보면 되는데, 알배기는 배 부분의 가운데 뾰족한 덮개 부분이 붉은 색을 띠어요. 몸 색깔은 숫게가 청록색이며, 암게는 암자색에 푸른빛을 띠고 있습니다.

Q 게의 아가미는 먹어도 되는 건가요?

A 게의 배쪽에 껍질을 벗기면 하얀색의 아가미가 들어 있는데 이곳은 물이 드나드는 곳으로 필터 역할을 하는 곳이지요. 따라서 식중독을 일으킬 수 있으므로 반듯이 제거해야 합니다. 또한 게의 아가미를 먹으면 버석거릴수 있으므로 먹지 않는 것이 좋습니다.

Q 게장을 담그려면 참게가 맛있나요. 꽃게가 맛있나요?

A 참게는 민물게로 집게발이 짧고 털이 덮여 있어요. 가을에 잡히는 참게는 등딱지 속에 단맛이 있는 까만색의 장이 들어 있어서 가장 맛이 좋은데 페디스토마에 걸릴 위험이 있기 때문에 요즘은 참게보다 꽃게로 게장을 많이 담가 먹습니다. 게장은 속살이 달짝지근하며 담백한 맛이 너무나 좋아 임금님도 쪽쪽 빨아 먹었다는 이야기가 전해지고 '밥 도둑' 이라는 애칭이 붙을 정도로 맛이 있답니다.

꽃게 구입 및 감별법

꽃게는 배 쪽 부분이 희고 배 중간부분에 멍이 없어야 한다. 배 부분이 검은 색인 것은 싱싱한 것이 아니다. 또한 엄지손가락으로 눌러봤을 때 물이 나지 않는 단단한 것이 좋고 다리가 다 달려있어야 하며 다리를 만져봐서 살이 차 있어야 한다. 또한 등쪽을 만져 보았을때 까칠하고 거친 것이 싱싱한 것이다. 등짝을 까보고 냄새가 안 나며 살이 많은 것을 고르는데, 게를 들어 보았을 때 무거운 것이 살이 많아 좋은 것이다.

시력회복에 좋은 천연보약
주꾸미

주꾸미의 역사 및 유래는?

주꾸미는 팔완목 문어과의 연체동물로 낙지와 비슷하게 생겼으나 크기가 더 작다. 「자산어보(玆山魚譜)」에는 한자어로 준어(蹲魚), 죽금어(竹今魚)라 한다. 「난호어목지(蘭湖漁牧志), 전어지(佃漁志)」에서는 죽근이라고 했다. 지방마다 부르는 이름이 다른데 전라남도와 충청남도에서는 '쭈께미' 경상남도에서는 '쭈게미'라 부른다. '봄 주꾸미, 가을 낙지'라는 말이 있듯이 봄에는 주꾸미가 가을에는 낙지가 제철이다. 낙지와는 다르게 몸길이가 짧고 다리의 길이도 8개가 거의 같은 길이이다. 산란기인 4~5월에 잡은 주꾸미가 알이 차서 맛이 좋다.

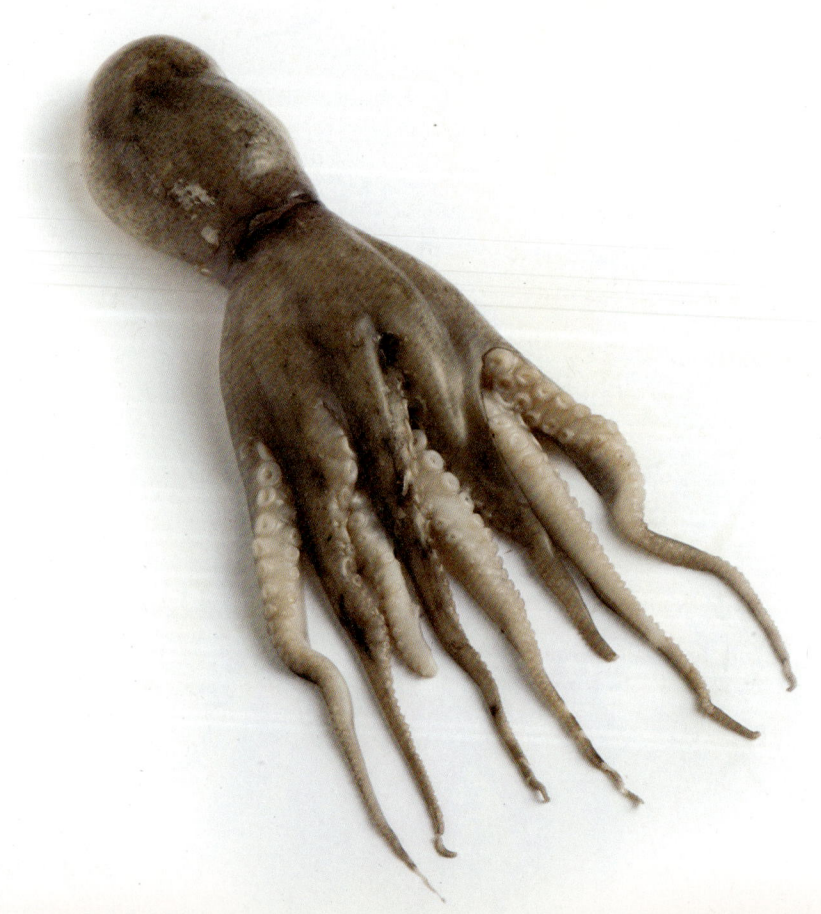

주꾸미에 들어있는 영양소는?

종류	열량 (kcal)	수분 (%)	단백질 (g)	지질 (g)	탄수화물		회분 (g)	무기질	
					당질(g)	섬유(g)		Ca (mg)	Fe (mg)
주꾸미	47.0	88.7	9.0	0.8	0.3	0.00	1.20	120	0.7

주꾸미의 영양성분표 (100g 당)〈한국영양학회 제7차 개정판〉

주꾸미는 칼로리가 낮으며 필수아미노산이 풍부한 보양식품이다. 인과 철분이 많아 빈혈예방에 좋으며, 뇌 발달과 성인병 예방에 효과적이라는 DHA가 함유되어 있어 어린이와 성인에게 권장할 만한 식품이다. 주꾸미에는 특히 타우린이 많이 들어 있는데, 타우린(taurine)은 아미노산의 일종으로 새우, 오징어, 문어, 낙지 등에 많이 들어 있다. 타우린은 콜레스테롤 저하작용, 간의 해독작용, 시력회복, 빈혈예방에 효과가 있다.

주꾸미를 이용한 조리 및 음식은?

주꾸미양념무침 : 살아있는 주꾸미를 손질하여 끓는 물에 살짝 데쳐 물기를 뺀 다음 간장에 고춧가루, 파, 마늘, 미나리, 깨소금 등을 넣고 무친다.

주꾸미 샤브샤브 : 뜨거운 육수에 싱싱한 주꾸미를 넣어 여러가지 채소와 함께 살짝 데쳐 먹는다. 와사비, 간장 등에 찍어 먹는다.

주꾸미강회 : 데친 주꾸미에 흰색과 노란 지단, 홍고추, 쑥갓 등을 골고루 넣어, 데친 미나리로 감아 접시에 돌려 담고 가운데 초고추장을 낸다. 사과나 배, 단감 등의 과일을 같이 넣고 말아도 별미다.

주꾸미찜 : 팬에 식용유를 두르고 채 썬 양파, 고춧가루, 마늘, 대파를 볶다가 미더덕, 주꾸미를 넣어 살짝 볶는다. 미리 살짝 삶아둔 콩나물을 국물과 함께 넣어 끓으면 물 녹말로 걸쭉하게 한 다음 참기름을 치고 들깨가루를 뿌린다.

주꾸미강회 ▶

Q&A

Q 주꾸미는 눈이 나쁜 사람이 먹으면 효과가 있다고 하는데 정말 그런가요?

A 주꾸미는 타우린(taurine) 함량이 많은데 타우린은 간의 작용을 도우며 신진대사를 왕성하게 하여 정력을 증가시키고 시력보호, 빈혈예방, 숙취해소에 효과가 있어요. 2차 대전 당시 일본해군은 특공대의 시력회복을 위하여 주꾸미를 다려 즙을 먹여서 시력을 회복시켰다는 기록이 있답니다.

Q '봄 주꾸미, 가을 낙지'라는 말이 생길 정도로, 봄 주꾸미가 유명한데요, 주꾸미가 봄에 유난히 맛있는 이유가 무엇인가요?

A 주꾸미와 낙지는 비슷하게 생겨서 금방 구분이 잘 되지 않아요. 주꾸미는 낙지보다 머리가 2~3배 큽니다. 주꾸미는 4, 5월이면 풍년이에요. 이 때가 되면 주꾸미에 알이 가득 차서 감칠맛을 더해주어 그 맛이 낙지에 뒤지지 않고, 최고라고 할 수 있습니다. 그래서 주꾸미는 따뜻한 바람이 불기 시작하는 봄에 먹는 것이 맛있습니다.

Q 주꾸미 어떻게 조리해야 제 맛을 살려서 먹을 수 있을까요?

A 조리 전에 주꾸미는 미끌미끌한 표면을 잘 닦아내야 양념이 고루 잘 들어가요. 잘 씻어서 양념한 주꾸미는 살짝만 구워야 부드럽고 담백한 육질을 즐길 수 있어요. 쭈꾸미 볶음은 집에서 만든 고추장에 설탕과 마늘, 간장, 고춧가루, 참기름을 넣고, 마지막에 버무릴 때 막걸리나 청주를 넣으면 주꾸미 육질이 부드러워질 뿐 아니라 양념의 텁텁한 맛이 사라집니다.

Q 주꾸미 알은 그냥 먹어도 괜찮은 건지, 따로 해먹는 요리법이 있나요?

A 산지 주민들은 주꾸미 맛의 포인트는 알에 있다고 말하는데, 흔히 머리라고 부르는 몸통에 알이 들어 있어요. 알 모양이 잘 익은 밥알을 빼닮아 이를 '주꾸미 쌀밥'이라고도 부르지요. 몸통을 잘라 통째로 입에 넣어 씹으면 마치 쌀밥을 넣어 먹는 듯한 느낌이 납니다. 그러나 주꾸미 머리에는 기생충이 살아 있기도 하기 때문에 날로는 먹지 않고 익혀 먹는 것이 좋습니다.

Q 주꾸미는 미끄러워서 손에서 놓치기 쉬운데, 주꾸미를 잘 손질하는 법을 알려주세요?

A 대부분의 사람들이 소금으로 주꾸미를 씻는데, 이렇게 하면 맛이 짜지고 육질이 질겨져요. 먼저 주꾸미는 머리를 아래에서 위로 잘라 내장과 눈을 떼어내고 소금과 밀가루를 약간씩 뿌려 바락바락 씻어요. 이렇게 하면 빨판에 붙은 이물질이 잘 떨어집니다.

주꾸미 구입 및 감별법

주꾸미는 산란기인 2월에서 5월에 남해안에서 잡은 주꾸미가 특유의 쫄깃쫄깃한 맛이 있다. 또한 통통한 것이 알이 꽉 들어차서 좋다. 가을에도 주꾸미가 잡히지만 알이 없기 때문에 가을 주꾸미 맛은 떨어진다. 주꾸미는 몸길이가 20cm 정도로 머리부분이 검고 탱글탱글한 것이 국산이며, 수입산은 냉동되어 들어오기 때문에 봄에 잡은 것이라도 맛이 없고 한번 얼었다 녹아서 붉은빛이 돌면 신선도가 떨어진 것이다.

산모에게 좋은 바다채소
미역

미역의 역사 및 유래는?

미역은 갈조식물로 해채(海菜), 감곽(甘藿)이라고도 하는데, 우리나라와 중국, 일본 등에서만 식용된다. 특히 삼면이 바다로 둘러싸인 우리나라에서는 산후나 생일날이 되면 빠지지 않고 미역국을 먹는다. "고래가 새끼를 낳고 상처를 치유하기 위해 미역을 뜯어 먹는 것을 본 고려인들이 미역을 먹기 시작했다."는 「유학기(初學記)」기록과 "고려시대에는 왕자가 태어나면 소금 졸이는 가마인 염분과 고기 잡는 물건인 어량을 하사했다."는 「세종실록(世宗實錄)」의 기록으로 보아 이미 고려시대부터 미역을 귀천없이 즐겨 먹은 것으로 보인다.

미역에 들어있는 영양소는?

종류	열량(kcal)	수분(%)	단백질(g)	지질(g)	탄수화물		회분(g)	무기질
					당질(g)	섬유(g)		Ca (mg)
미역(자연산)	18.0	90.3	1.9	0.3	2.9	4.75	4.3	92.0
미역(말린 것)	190	10.3	13.5	1.7	40.1	37.77	31.9	920

미역의 영양성분표 (100g 당) <한국영양학회 제7차 개정판>

미역은 칼로리가 낮고 비타민과 무기질이 풍부한 알칼리성 식품으로 비만과 고혈압 등의 성인병을 예방한다. "바다의 채소"라고 불리는 미역은 비타민과 무기질의 종류와 양이 채소들보다 우수하며, 특히 칼슘, 요오드, 인, 황, 알긴산, 섬유소가 풍부하다. 칼슘은 분유와 맞먹을 정도로 많이 들어있는데 미역의 칼슘은 뼈와 이를 튼튼하게 하고 산후 자궁수축과 지혈을 돕고 초조감을 해소한다.
요오드는 갑상선 호르몬인 티록신을 만들어 심장과 혈관의 활동을 돕고 체온과 땀을 조절하며 신진대사를 촉진하여 부종을 내린다. 미역의 미끈거리는 점액질은 알긴산이라는 식물섬유로 혈중 콜레스테롤 감소, 변비해소, 비만 예방 효과가 있으며 중금속이 체내에 흡수되는 것을 억제하여 유해금속 제거에도 효과적이다.

미역을 이용한 조리 및 음식은?

미역 죽 : 쌀을 씻어 불리고 염장 미역을 물에 담가 주물러 깨끗하게 씻은 후 물기를 빼고 잘게 썬다. 엷은 소금물에 굴을 씻어 데치고, 잔새우는 끓는 물에 데친다. 냄비에 쌀과 물을 넣어 죽을 끓이다가 굴, 잔 새우, 미역을 넣는다.

미역국 : 미역을 물에 바락바락 주물러 씻는다. 냄비에 참기름을 두르고 쇠고기와 미역을 넣고 볶다가 물을 붓고 끓여 집간장으로 간을 한다.

미역수제비 : 마른 미역을 불려 썰거나, 염장 미역을 깨끗이 씻어 3cm 길이로 썬다. 닭에 마늘을 넣고 삶아 살을 찢어 둔다. 밀가루에 소금, 물을 넣고 수제비 반죽을 한다. 닭 삶은 국물에 미역을 넣고 끓으면 간을 맞추고 수제비 반죽을 얇게 뜯어 넣고 찢은 닭살을 넣고 끓인다. 식성에 따라 양념장을 곁들인다.

미역조림 : 염장 미역을 손질하여 3cm 길이로 썬다. 연근은 껍질을 벗기고 얇게 썰어 소금물에 담근다. 곤약은 4~5cm로 썰어 중앙에 칼집을 내어 꼰다. 홍고추는 2cm길이로 어슷 썬다. 홍고추를 뺀 모든 재료를 슴슴한 간장에 졸이다가 국물이 졸아들면 홍고추를 넣고 윤기나게 조린다.

미역국 ▶

Q&A

Q 미역이 다이어트나 항암작용, 그리고 변비에도 좋은가요?

A 미역의 미끈거리는 점액질은 알긴산이라는 수용성 식물섬유로 체내에서 소화되지 않아 에너지로는 약하지만 여러 가지 유용한 생리작용을 하여 다이어트에 좋아요. 또한 미역에 들어있는 식물섬유는 장 점막을 자극하여 배변을 원활히 해주어 변비를 해소하고 암을 예방하는 효과가 있어요.

Q 속설에는 미역국을 먹으면 시험에 떨어지거나 직장에서 해고당한다는 말이 있는데, 맞는 말인가요?

A 미끈미끈한 미역의 점질물 때문에 미끄러진다는 속설이 생긴 것 같은데, 현대 영양학적으로 보면 미역국을 평소에 많이 먹은 아이들이 집중력과 끈기가 생겨 성적이 우수하고 시험을 잘 치루게 도와줘요. 이는 미역에 머리를 좋게 하는 성분인 DHA가 포함되어 있기 때문입니다.

Q 산모용 미역과 일반 미역이 따로 판매가 되고 있는데, 이 두 가지 미역에는 어떤 차이가 있나요?

A 일반미역과 달리 산모용 미역은 줄기가 많이 포함되어 있어요. 일반적으로 줄기가 많으면 젖이 나오는 데 도움이 많이 되기 때문에 산모에게는 필수적인 산후 조리식으로 이용되고 있습니다. 이는 미역이 산모의 체내에 생긴 노폐물과 염분을 수분과 함께 배출시켜 부기를 내리는데 효과가 있기 때문이에요. 산모용 미역은 줄기를 포함하여 생미역 상태로 태양 건조하였으므로 미네랄, 요오드, 칼슘 등이 다량 함유되어 있어 성장기 청소년이나 산후조리에 좋은 식품입니다. 산모용 미역은 '부러뜨리지 않고' 포장을 하여 끊기지 않고 길게 건조해서 크기가 큰 편입니다.

Q 미역국을 끓일 때 파를 넣지 않는다고 하는데 맞는 말인가요?

A 미역과 파는 미끈거리는 촉감을 갖고 있는 점에서 공통점이 있어요. 미끌미끌한 미역에 미끌미끌한 파를 넣으면 음식의 맛을 느끼는 혀의 미뢰세포 표면을 뒤덮어 버리게 되지요. 그렇게 되면 고유한 음식의 맛을 느끼기가 어려워져요. 또한 대파는 인과 유황이 많아 미역국에 넣으면 미역의 칼슘흡수를 방해하기도 해요. 따라서 미역국을 끓일 때 파를 넣게 되면 맛과 영양효율이 모두 떨어지게 되어 넣지 않는 것이 좋습니다.

Q 미역국을 맛있게 끓이는 법이 있나요?

A 미역은 물에 담갔다가 바락바락 거품이 나도록 주물러 씻어 냄비에 참기름을 두르고 쇠고기와 미역을 넣고 파랗게 볶아요. 물을 붓고 끓이다 국 간장으로 간을 맞추고 파와 후춧가루는 넣지 않아요. 맛있는 미역국은 오래 끓여야 미역의 비린내가 나지 않고 부드럽고 구수합니다.

미역 구입 및 감별법

마른 미역은 색깔이 검으며 심이 가늘고 광택이 나는 것이 좋다. 또 물에 15분 정도 담갔을 때 잎이 조각조각 풀어지지 않는 것이 좋은 미역이다. 생미역은 줄기가 가늘고 잎이 넓으며 손으로 만져보아 촉감이 부드러운 것이 좋으며 색깔은 녹색에 가까운 자주색이어야 하고 반투명한 것이어야 한다. 그리고 지나치게 숙성해서 질긴 것은 맛도 없고 먹기도 나쁘다.
생미역을 실온에 방치하면 3일 정도부터 조직이 물러지기 시작하지만 염장미역은 10℃에서 저장하면 77일 정도까지는 별다른 변화를 보이지 않는다.

정신을 맑게 하는 묘약
녹차

녹차의 역사 및 유래는?

　　　　차나무는 후피향 나무과에 속하는 상록 활엽 관목으로, 녹차는 발효시키지 않은 차잎을 사용해서 만든 차이다. 차나무의 원산지는 중국으로 우리나라에서는 삼국시대부터 차를 마시기 시작하였다.
「삼국사기(三國史記)」에 의하면 신라 42대 흥덕왕 3년 김대렴이 당나라에 사신으로 갔다가 차의 종자를 가져와 왕명으로 지리산에 심었다고 한다. 옛 사람들은 차를 가리켜 선약(仙藥)이라고 하며 극찬을 아끼지 않았다.

녹차에 들어있는 영양소는?

종 류	열량(kcal)	수분(%)	단백질(g)	지질(g)	탄수화물		회분(g)	비타민
					당질(g)	섬유(g)		C (mg)
녹차	334.0	7.7	28.3	4.8	53.6	43.9	5.6	2.3

녹차의 영양성분표 (100g 당)<한국영양학회 제7차 개정판>

    차의 생엽에는 수분과 고형물로 되어 있으며, 고형물로는 탄닌(tannin), 카페인(caffeine), 아미노산, 당, 전분, 섬유소, 펙틴 등의 탄수화물과 비타민, 무기질 등을 함유하고 있다. 차 잎에는 3%정도의 카페인이 함유되어 있는데 카페인의 효능은 중추신경의 흥분작용, 피로회복, 강심작용, 이뇨작용을 한다. 차의 카페인은 커피나 홍차와는 달리 몸 안에 축적되지 않고 6시간 정도 후에는 소변으로 배설된다. 차에 있는 탄닌은 지방 대사를 촉진시켜 비만을 막아준다. 또한 지방질이 산화되는 것을 막아주어 노화를 억제한다. 차에 있는 비타민 C는 동맥경화를 예방하고 혈관수축을 억제하며 발암물질을 막아준다. 그리고 이완된 장의 활동을 도와 배변을 촉진하므로 설사나 변비를 없애고 신진대사를 도와준다.

녹차를 이용한 조리 및 음식은?

녹차과자 : 버터를 실온에 녹여 설탕을 넣고 저어주다가 달걀을 넣고 계속 저어준다. 그런 다음 밀가루와 녹차가루 섞은 것을 넣고 가루가 보이지 않을 정도만 섞는다. 판판한 틀에 한 수저씩 놓고 170℃ 오븐에 10분 정도 굽는다.

녹차장아찌 : 녹차를 우려 마시고 남은 것을 모아 두었다가 간장, 설탕, 식초를 넣고 끓여 식힌 다음 녹차 우린 잎을 넣고 떠오르지 않도록 눌러 둔다. 이틀 후에 간장물만 따라 끓여 식히기를 3번 반복한다.

녹차만두전골 : 밀가루에 녹차가루를 넣고 반죽하여 만두피를 만든다. 쇠고기, 두부, 숙주, 김치를 다져 만두소를 만든다. 만두를 빚어 여러 가지 채소를 돌려 담고 육수를 부어 끓으면 만두를 넣고 간을 맞춘다.

녹차양갱 : 흰팥앙금, 녹차가루, 물엿, 설탕, 한천을 넣고 끓여 네모진 틀에 넣고 굳힌다.

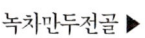
녹차만두전골 ▶

Q&A

Q 차에는 종류가 많은데 어떤 것이 있나요?

A 차는 발효 정도에 따라 분류합니다. 불발효차(不醱酵茶)로는 녹차가 있고 부분발효차로는 황차, 중국산 우롱차, 철관음, 청차 등이 있어요. 강발효차(强醱酵茶)로는 홍차가 있고 후발효차(後醱酵茶)로는 보이차가 있어요.

Q 떡차는 어떻게 생긴 것인가요?

A 떡차는 보관과 이동이 편리한데 찻잎을 쪄서 절구에 찧어 여러 가지 형태로 만들어 말려 보관했다가 이를 부수어서 뜨거운 솥에 넣고 끓인 뒤 걸러서 마셔요. 떡차는 모양에 따라 둥근 달 모양의 단차(團茶), 벽돌 모양의 전차(磚茶), 엽전 모양의 돈차 등이 있습니다. 떡차는 조선 후기 철종 때 초의선사가 즐겨 마시던 차로 지금도 지리산에서 만들어지고 있습니다.

Q 차를 보관하는 방법을 설명해 주세요?

A 차는 건조한 곳에서 보관하는 것이 좋아요. 차는 흡수력이 강해서 냄새를 쉽게 빨아들이므로 차를 만질 때나 보관할 때 냄새가 강한 화장품이나 향수 등은 멀리 하는 것이 좋아요. 차를 구입해 뜯은 뒤에는 먹을 만큼만 작은 단지에 넣어두고 나머지는 공기가 들어가지 않게 싸서 냉장고에 보관해야 해요. 이때 되도록 여러 겹으로 싸서 냄새가 흡수되지 않도록 주의해야 합니다. 습기가 많은 장마철이 지나면 보관했던 녹차를 바닥이 두꺼운 팬에 살짝 덖어서 우려내면 맛과 향이 살아나요. 만약 차의 향이 없어졌을 경우, 차를 우릴 때 그 계절에 피는 꽃을 넣으면 색다른 향과 맛을 느낄 수 있습니다.

Q 찻잎을 우려 마시고 남은 재활용법에 대해 말씀해 주세요?

A 차를 가루로 만들어 밀가루나 쌀가루에 반죽해서 국수나 떡을 만들 수 있어요. 차를 우려낸 찻물을 고기 양념에 넣거나 소스를 만들 때, 생선을 조릴 때 또는 국이나 밥을 지을 때 사용하면 육질이 부드러워지고, 냄새를 없애주며, 밥이 찰밥처럼 차지고 구수해지는 효과가 있어요. 마지막으로 차를 우려낸 찻잎으로 나물을 무치거나 부침을 만들면 찻잎에 남아있는 비타민과 무기질을 섭취할 수 있어 좋습니다.

Q 티백녹차와 가루녹차는 어떤 차이가 있나요?

A 티백녹차는 녹차잎을 티백에 넣어서 우려 마시기 쉽게 만든 것이고, 가루녹차는 녹차잎을 갈아서 가루 상태로 만든 것입니다. 가루녹차는 보통 아이스크림, 음료, 음식에 섞어서 사용하기 좋게 만든 것이지요. 티백으로 우려서 먹는 것보다 가루차를 이용하는 것이 영양적으로 좋다고 할 수 있어요.

녹차 구입 및 감별법

햇차는 신선하고 모양이 균일하며 색이 연하고 푸석푸석하다. 그러나 묵은 차는 색이 어두운 편이며 윤택이 없고 모양이 가지각색이고 단단하다. 햇차는 손으로 만지면 습기가 없어 부서지기 쉽고 손바닥에 두고 비비면 가루로 변한다. 하지만 묵은 차는 손으로 만져도 쉽게 부서지지 않고 가루로 변하지도 않는다. 물에 넣고 우렸을 때 모양이 살아 있고 향이 은은하며 단맛의 여운이 남는 것이 좋은 차다.

여름에는 기온이 높아 많은 땀을 흘리게 되므로 체력 소모가 늘어난다. 기온이 상승할수록 땀을 많이 흘려 우리 몸은 수분과 비타민의 필요량이 많아지게 된다. 하지만 여름에 흘리는 땀은 몸의 부담을 덜어주는 중요한 역할을 한다.

여름은 신맛이 필요한 계절이다. 신맛의 섭취를 위해서는 매실과 같은 과일이나 식초가 들어간 생채, 냉국 등을 주로 먹는다. 냉국은 우선 그 차가운 맛 때문에 더위를 식혀 주는 중요한 여름 음식이 된다. 냉국의 재료로는 주로 미역이나 오이, 가지 등이 있다. 이런 재료들과 국물은 미리 차게 해두어야 제 맛이 나는데 예전에는 시원한 우물물을 담은 자배기에 이런 재료들을 채워 두었다가 먹었다.
특히 삼복 때에는 몸을 보신하기 위하여 고단백 식품을 많이 섭취하기도 하는데, 이럴 때는 혈액이 산성화될 우려가 있으므로 항상 신선한 채소와 과일을 함께 먹는 것이 바람직하다. 한여름의 식품으로는 여름의 기를 듬뿍 받은 토마토, 수박, 포도와 같은 과일과 부추, 고추, 오이, 가지 등과 같은 채소가 있다.
여름철에는 음식을 평상시 보다 약간 적게 먹고 너무 찬 음식은 주의해야 한다.

사·계·절·제·맛·내·는·식·재·료

알고 먹으면 좋은
우리 식재료

여름

여름에 먹어야 제맛이 살고 몸에 약이 되는 음식!

감자·고구마·마늘·부추·가지·고추·오이·토마토·수박·매실·포도·민어·장어·오징어·다시마

밭에서 나는 비타민 C
감자

감자의 역사 및 유래는?

　　　　감자는 가지과에 속하는 식물로 서늘한 곳에서 잘 자라는 고랭지 작물이다. 원산지는 남아메리카 안데스산맥으로 알려져 있으며 7,000년 전부터 재배해온 것으로 추정된다. 우리나라는 조선시대 실학자인 이규경(李圭景)이 지은 당시의 백과사전인 『오주연문장전산고(五州衍文長箋散稿), 1850년경』를 보면 조선 순조(純祖) 24~25년(1824-1825)에 최초로 도입된 것으로 '명천의 김씨가 북쪽에서 들여왔다' 고 기록되어 있다.

감자는 말방울을 닮아서 마령서(馬鈴薯) 또는 콩(大豆)에 버금갈 만큼 영양가가 좋다는 의미로 토두(土斗)라고 부른다. 감자라는 용어는 북방에서 온 고구마라는 뜻인 북방감저(北甘藷)에서 자연스럽게 붙여진 이름으로 하지감자·북감저(北方甘藷)라고도 한다.

夏

감자에 들어있는 영양소는?

종류	열량 (kcal)	수분 (%)	단백질 (g)	지질 (g)	탄수화물		회분 (g)	무기질 K (mg)	비타민 C (mg)
					당질 (g)	섬유 (g)			
감자	55.0	84.4	2.5	0.1	11.6	0.6	0.80	396.0	21.0

감자의 영양성분표 (100g 당)<한국영양학회 제7차 개정판>

감자는 알칼리성 식품으로 주성분이 녹말이다. 감자는 필수 아미노산이 골고루 들어있고, 철분, 칼륨 및 마그네슘 같은 중요한 무기성분과 비타민 C를 비롯하여 비타민 B 복합체를 골고루 가지고 있다. 특히 감자는 비타민 C가 다량 함유되어 있어 '밭의 사과'라고 불리는데 비타민 C는 사과의 5배 정도로 하루에 감자 2개만 먹으면 하루 필요량을 충족시킬 수 있다. 감자의 비타민은 채소나 과일의 비타민과 달리 전분에 둘러싸여 있어서 열을 가해도 잘 파괴되지 않는다. 또한 고혈압 예방과 치료에 효과적인 칼륨의 함량은 쌀보다 4배가량 많이 함유하고 있다. 칼륨은 몸 안에 남아도는 여분의 나트륨을 배출시키기 때문에 고혈압을 다스리는 데 도움이 된다.

감자를 이용한 조리 및 음식은?

감자 샐러드 : 감자와 달걀을 삶아서 약간 도톰하게 썰어 완두콩, 옥수수, 브로콜리 등을 넣고 레몬, 양파, 마요네즈 등으로 드레싱을 만들어 버무린다.

감자조림 : 껍질 벗긴 감자를 썰어 물에 담가 둔다. 냄비에 기름을 두르고 감자를 볶다가 양념간장을 넣고 졸인다.

감자수제비 : 감자를 갈아 앙금은 밀가루와 섞고 누렇게 뜬 웃물은 버린다. 북어포, 새우, 다시마를 넣고 해물육수를 만들어 감자를 넙적하게 썰어 넣고 감자반죽을 얇게 떼어 넣고 간을 맞춘다.

감자송편 : 감자녹말을 익반죽한 뒤, 콩으로 소를 넣어 송편처럼 빚어 김오른 찜솥에 찐다.

감자조림 ▶

Q&A

Q 스트레스를 많이 받는 편인데요, 감자를 먹으면 좀 괜찮다고 하더라고요, 사실인가요?

A 스트레스를 받으면 몸에서 부신피질호르몬을 분비하는데 이때 필요한 것은 비타민 C에요. 다행히 감자는 비타민 C가 사과보다 5배 이상 들어 있어 스트레스를 견딜 수 있게 해 줘요. 비타민 C는 가열하면 파괴되는 단점이 있는데, 감자의 비타민 C는 전분입자로 싸여 있어서 익혀 먹어도 영양소 손실이 적답니다.

Q 감자가 왜 위장을 보호하나요?

A 감자에는 위 점막을 강화시키는 성분이 있어서 위의 기능이 약한 사람들이 먹으면 좋아요. 감자 생즙에 있는 '알기닌'은 위액의 막을 만들어 위를 보호해줘요. 신선한 감자 즙에도 위를 진정시키는 작용을 하는 '아드로핀'이라는 성분이 있어 위장을 보호해주는 역할을 하기 때문에 생즙을 꾸준히 마셔주는 것이 좋습니다.

Q 감자가 왜 성인병예방에 좋은가요?

A 감자에 많이 함유된 칼륨과 식이섬유 때문이에요. 우선 칼륨은 몸 안에 남아도는 여분의 나트륨을 배출시키기 때문에 고혈압을 다스리는 데 도움이 됩니다. 또한 식이섬유는 소화관 속의 나트륨을 변과 함께 배설시키고 나트륨이 흡수되는 것을 방지해 주지요. 또한 식이섬유에는 지방이나 당질의 흡수를 방해해 혈중의 콜레스테롤과 혈당을 낮추고 장내세균 중 유익한 균을 증식시켜서 변비를 개선하는 등의 기능이 있어 성인병 예방에 도움이 됩니다.

Q 감자는 치즈와 궁합이 가장 잘 맞는 식품이라고들 하는데, 감자를 가장 맛있게 먹을 수 있는 방법은 무엇인가요?

A 감자는 섬유질, 비타민 C, 마그네슘이 풍부하지만 단백질과 지방이 부족해요. 특히 감자는 아미노산 중에서 메티오닌(methionine)의 양이 적기 때문에 감자의 부족한 단백질과 지방을 보충하는 데는 우유나 치즈가 좋아요. 우유는 감자에 비해 1/5 ~ 1/10정도로 마그네슘이 적어 감자와 함께 먹으면 좋고 우유의 단백질을 발효시킨 고단백 식품인 치즈를 감자와 함께 먹으면 좋습니다.

Q 감자를 보관할 때 껍질이 녹색으로 변하거나 싹이 생기면 어떻게 해야 하나요?

A 감자는 보관 중 햇볕을 오랫동안 쪼이게 되면 표면이 녹색으로 변하고 싹이 생기는데 그 부위에 솔라닌(solanine)이라는 독성물질이 생겨요. 녹색으로 변한 껍질은 완전히 제거하고 싹은 넓게 도려내요. 솔라닌은 열에 약해서 가열하면 파괴되므로, 익혀서 먹는 것이 안전합니다.

감자 구입 및 감별법

좋은 감자는 껍질 색이 일정하고, 얇고 주름이 없으며, 형태는 둥글고 통통하며 알이 굵고 단단해야 한다. 반면에 좋지 않은 감자는 껍질이 녹색 빛이 나고 검은 반점이나 상처가 있으며 크기가 너무 크거나 변형된 것은 속에 바람이 든 것이 많다. 표면이 곰보처럼 매끄럽지 못하면 좋지 않다. 씨눈이 얕게 패이고, 싹이 나지 않고 껍질이 녹색을 띠지 않는 것을 고르도록 한다.

최고의 변비 예방제
고구마

고구마의 역사 및 유래는?

고구마는 메꽃과에 속하는 일년초로 고구마의 어원은 대마도의 사투리 고오고오이모(孝行芋)에서 유래된 것이라고 한다. 고구마의 원산지는 중앙아프리카 또는 남미 멕시코로 콜럼버스가 미대륙을 발견했을 때 처음으로 가지고 간 것으로 지금은 세계 각지의 온대 지방에서 재배되고 있다.

1600년경 중국에 전해진 후 일본 오키나와에 전해졌는데 우리나라에 고구마가 처음 들어온 것은 조선시대인 영조 39년(1763년) 10월이다. 그 당시 일본에 통신정사(通信正使)로 갔던 조엄(趙曮)이 쓰시마 섬에서 고구마를 보고 이것이 구황작물로 재배될 수 있을 것으로 생각하고 씨 고구마를 구하여 부산진으로 가져온 것이 처음이었다.

고구마에 들어있는 영양소는?

종류	열량 (kcal)	수분 (%)	단백질 (g)	지질 (g)	탄수화물		회분 (g)	무기질 K (mg)	비타민 β-carotene (mg)
					당질(g)	섬유(g)			
고구마(생 것)	128.0	66.3	1.4	0.2	30.3	2.32	0.9	429.0	113.0
고구마(찐 것)	125.0	68.0	1.1	0.2	29.2	3.8	0.8	320.0	7.0
고구마(구운 것)	120.0	68.0	1.5	0.2	28.4	3.5	1.0	438.0	0.0

고구마의 영양성분표 (100g 당)<한국영양학회 제7차 개정판>

　　　　고구마는 탄수화물, 조섬유, 칼슘, 칼륨, 인, 비타민 A의 전구체인 베타카로틴(β-carotene)과 비타민 C 등이 들어있는 대표적인 알칼리성 식품이다. 고구마는 양질의 식이섬유와 얄라핀(jalapin) 성분으로 다이어트에 좋은 식품으로 알려져 있다. 식이섬유가 변비를 해소시키며 대장암을 예방하고, 고구마를 자른 부분에서 나오는 하얀 유액인 얄라핀은 변비를 예방하고 치료한다. 고구마는 칼륨이 많이 들어있는 채소 중의 하나로 칼륨이 나트륨의 배설을 촉진시켜 고혈압을 예방한다.

고구마를 이용한 조리 및 음식은?

고구마죽 : 말린 고구마에 물을 넣고 끓이다가 삶은 팥, 콩, 찹쌀가루와 멥쌀가루를 더 넣고 끓인다.

고구마전 : 생고구마를 믹서기에 곱게 갈아 밀가루를 넣고 반죽하여 동그랗게 부친다.

고구마샐러드 : 찐 고구마를 네모나게 썬 후 파인애플, 청·홍 피망을 같은 크기로 썰고 올리브오일에 소금, 설탕, 식초, 레몬즙, 다진 땅콩을 넣고 드레싱을 만들어 함께 섞는다.

고구마떡케익 : 고구마를 쪄서 익힌 후 멥쌀가루와 섞어 체에 내린다. 설탕과 소금을 넣고 섞어 시루에 찐다. 고운 팥앙금 가루를 위에 솔솔 뿌린다.

고구마떡케익 ▶

Q & A

Q 보통 고구마를 먹을 때 김치를 같이 먹게 되는데, 김치와 함께 먹으면 맛도 좋지만 영양도 배가 된다고 하는데, 이유가 무엇인가요?

A 김치는 비타민, 무기질, 아미노산이 고루 들어 있을 뿐 아니라 유산균 등의 유기산이 풍부하고 정장효과도 있는 최고의 발효식품이지만 고혈압의 원인이 되는 나트륨을 많이 함유하고 있어요. 그런데 고구마에는 칼륨 성분이 많아 나트륨을 몸 밖으로 배출 시키기 때문에 혈압을 낮춰 주는 작용을 해요. 따라서 고구마와 김치를 같이 먹으면 칼륨과 나트륨의 균형이 맞아 함께 먹는 것이 좋습니다.

Q 고구마로 다이어트를 하는 분들이 많은데, 고구마를 어떤 식으로 다이어트를 하면 좋은가요?

A 고구마는 밥보다 칼로리가 적으면서 위에 머무는 시간이 길어 배고픔을 덜 느껴져요. 또한 칼륨의 이뇨작용과 비타민 E의 혈액순환작용 등이 더해져 다이어트 효과를 높이지요. 고구마에는 식물성 섬유가 풍부하고 얄라핀(jalapin) 이라는 성분이 들어있어 장의 운동을 활발하게 하여 변비에 도움이 되요.
또한 허약 체질인 사람이 생고구마를 갈아먹으면 고구마에 들어 있는 영양소의 성분들이 체력과 기력을 좋게 하여 다이어트로 잃기 쉬운 스태미나를 보충하여 피로회복에 효과가 있어요. 고구마를 저녁 대용으로 섭취한다면 찐 고구마 한 개(약 180kcal)와 우유 한잔(약 100kcal)으로도 영양 면에서 손색없는 다이어트식이 됩니다.

Q 고구마는 먹고 나면 가스가 방출되는데 가스가 나지 않게 하려면 어떻게 해야 하나요?

A 우리가 잘 알고 있듯이 고구마에는 섬유질이 많아 창자 안에서 발효가 일어나 가스가 발생하기 쉬워요. '아마이드'라는 성분이 세균의 번식을 도와 가스가 잘 나오죠. 그러나 껍질째 먹으면 고구마 껍질 바로 안쪽에 얄라핀(jalapin)이라는 전분효소가 있어 소화되어 방귀가 나오지 않아요. 또 비타민, 미네랄 등의 영양분도 껍질 안쪽에 집중되어 있으므로 껍질째 쪄서 먹는 게 바람직합니다.

夏

Q 고구마는 종류에 따라 어떻게 다른가요?

A 고구마는 대표적으로 물고구마와 밤고구마가 있는데요. 물고구마는 껍질을 벗겨보면 표면이 하얗고 쪘을 때 물이 많아 질척한 느낌이 나고 단맛이 많아요. 밤고구마는 표면이 밝으며, 밤 맛과 단호박 맛이 나고 주로 요리에 많이 이용합니다.

Q 고구마를 상하지 않고 오래 보관하는 방법은 있나요?

A 고구마는 추위에 약해 신문지에 싸거나 종이봉투에 넣어 통풍이 잘되는 곳에서 실온으로 보관하는 것이 좋아요. 저장 중에는 수분이 감소하기도 하고 녹말의 효소작용으로 당화하기도 하여 단맛이 증가하기 때문에 수확 후 바로 먹는 것 보다 저장 후 먹는 게 더 맛있습니다.

고구마 구입 및 감별법

고구마는 껍질에 윤기가 있으며 주름이 없고 선명한 붉은색을 띠면서 표면에 움푹 파인 부분이 없어야 한다. 또한 싹이 났거나 녹색으로 변한 부분이 없이 매끈하고 윤기있는 것이 맛있고 좋은 것이다. 고구마의 모양이 가늘고 긴 것은 달고 섬유질이 많아 말랑말랑하며, 동글동글한 것은 전분이 많아 밤과 비슷한 맛이 난다.
밤고구마의 생김새는 유선형이며 껍질이 진보라색이고 속은 연한 노란색을 띤 것이 육질이 단단하고 수분이 적어 보슬보슬하며 맛있다. 호박고구마는 모양이 길쭉하며 껍질이 연한 갈색이며 속은 주황색인 것으로 당도가 높고 수분이 많아 맛있다.

스태미너 향신료
마늘

마늘의 역사 및 유래는?

　　　　마늘은 백합과 채소이다. 원산지는 중앙아시아로 약 3,000년 전부터 식용한 것으로 보인다. 우리나라는 "곰이 마늘을 먹어 웅녀로 환생했다." 는 '단군신화' 와 '입추 후 해일(亥日)에 마늘밭에 후농제(後農祭)를 지냈다' 는「삼국사기(三國史記)」 등의 기록으로 볼 때 오래 전부터 마늘을 즐겨 먹었다는 것을 알 수 있다.

한자로 마늘은 산(蒜)이라고도 하는데, 마늘의 어원은 몽골어 만끼르(manggir)에서 'gg' 가 탈락된 마닐(manir) → 마 → 마늘의 과정을 거친 것으로 추론된다.「명물기략(名物機略)」에서는 "맛이 매우 날하다 하여 맹랄(猛辣) → 마랄 → 마늘이 되었다"고 풀이하고 있다.

마늘에 들어있는 영양소는?

종류	열량(kcal)	수분(%)	단백질(g)	지질(g)	탄수화물		회분(g)	비타민
					당질(g)	섬유(g)		B_1 (mg)
마늘	120.0	64.0	9.2	0.2	24.2	10.12	1.6	0.2

마늘의 영양성분표 (100g 당)<한국영양학회 제7차 개정판>

마늘의 주요 성분은 알리신(allicin)이라는 화합물로, 비타민 B_1의 체내 흡수율을 높여준다. 비타민 B_1은 체내 10mg 이상 흡수되지 않으나, 알리신과 결합한 알리티아민(allithiamin)은 흡수율이 20배 이상 높다. 마늘은 살균작용이 강하고, 강력한 항균작용으로 세균의 발육을 억제하고 항암효과가 있다. 또한 혈액 중의 콜레스테롤을 낮추어 줌으로써 혈액순환을 촉진시켜 동맥경화 및 심장병을 억제하는 작용을 한다.

마늘을 이용한 조리 및 음식은?

마늘브로콜리볶음 : 끓는 물에 소금을 약간 넣어 마늘을 데치고 브로콜리도 적당한 크기로 잘라 흐르는 물에 여러 번 씻어 데친 다음 물기를 뺀다. 팬에 마늘과 브로콜리를 넣고 볶다가 소금과 후춧가루를 넣고 살짝 버무리듯이 볶는다.

마늘꿀조림 : 다듬은 마늘을 끓는 물에 살짝 데친다. 꿀을 약한 불로 끓인 후 마늘을 넣고 중간 불에서 끓인다. 끓기 시작하면 약한 불로 줄여 눋지 않도록 저어 가며 졸인다.

통마늘장아찌 : 마늘은 겉껍질만 벗기고 깨끗이 씻어 밀폐된 용기에 넣고 식초를 부어 6~7일간 삭힌다. 물, 진간장, 설탕, 소금을 넣고 섞어 한번 끓여준 뒤 삭힌 식초 적당량을 넣고 잠깐만 더 끓여 식힌 뒤 마늘에 붓고 1개월 후부터 먹는다.

마늘탕수 : 마늘을 끓는 물에 5분 정도 삶은 뒤 전분을 무쳐 기름에 튀긴다. 오이, 당근, 목이버섯, 완두콩을 팬에 볶다가 설탕, 간장, 소금, 식초, 전분을 넣고 끓여 마늘 튀긴 것과 섞는다.

▶ 통마늘장아찌

Q&A

Q 마늘을 생으로 먹는 것과 구워먹는 것 중에 어떤 것이 더 건강적인 효과가 있나요?

A 마늘의 효능적인 측면을 본다면 구운 것보다 생마늘이 좋은 성분이 많지요. 마늘 껍질 밑에 있는 효소가 알리나제 효소인데 알리인과 결합하여 몸에 좋은 알리신을 만들어요. 마늘을 가열하면 알리나제 효소가 열에 의해 파괴가 되어 알리신으로 변하지 않기 때문에 생마늘이 더 좋지요. 그러나 생마늘을 과다섭취하면 위 점막과 간에 자극을 주어 다량 섭취하기가 어려워요. 마늘은 구운 것보다 기름에 볶는 것이 마늘의 효능을 더 발휘하는데, 이것은 기름이 마늘의 좋은 성분을 보호해 주기 때문입니다.

Q 마늘에 어떤 성분이 식중독을 예방하나요?

A 마늘에는 알리신이라는 성분이 있어 강한 살균과 항균작용을 해요. 마늘에 있는 알리신은 강력한 항생제로 알려져 있는 페니실린, 테트라시클린보다 강해 대장균, 곰팡이균, 이질균 등 다양한 유해균을 없애줍니다.

Q 건강에 좋은 마늘이라도 많이 먹으면 속이 쓰린데, 하루에 얼마나 먹으면 좋은가요?

A 생마늘의 경우는 하루의 2쪽 정도가 적당해요. 절인 것이나 가열한 것도 2~3쪽만 먹는 것이 좋아요. 생마늘을 많이 먹으면 위나 장에 점막을 자극하기 때문에 속이 쓰려요. 그래서 한꺼번에 많이 먹지 말고 반드시 익혀 먹는 것이 좋아요. 갑자기 많이 먹으면 설사를 유발할 수 있으므로 주의해야 합니다.

Q 마늘 냄새를 약화시킬 수 있는 방법은 무엇인가?

A 마늘 냄새를 약화시키려면 요리할 때 마늘을 나중에 넣는 것이 아니라 미리 넣어 익히면 돼요. 또는 마늘의 껍질을 벗기지 않고 통째로 랩에 싸서 전자렌지에서 1분 동안 가열하면 냄새를 약화시킬 수 있으나 마늘의 효능은 적어지지요. 마늘을 먹고 난 후 우유, 커피, 녹차를 마시면 입 안의 마늘 냄새를 다소 없앨 수 있습니다.

Q 마늘을 오래 두었더니 녹색으로 변하였는데 먹어도 괜찮나요?

A 마늘은 잘 변하지 않는 식품이지만 녹색으로 변하기도 합니다. 이는 마늘의 효소에 의해 생긴 현상이에요. 그러나 마늘의 살균 성분이 강해서 곰팡이가 생기지 않고 변질되지 않기 때문에 먹어도 괜찮아요. 녹색으로 변하는 것을 늦추려면 실온에 두는 것보다 냉장 보관이나 냉동 보관을 하는 것이 좋습니다.

마늘 구입 및 감별법

마늘은 윤기가 흐르며 알이 굵고 단단한 것이 좋다. 알이 듬성듬성 붙은 것보다는 단단히 밀착된 것, 쪽수가 6~10쪽 정도가 되는 것으로 크기와 모양이 일정한 것이 좋다. 썩은 부위나 싹이 돋아나지 않으며 마늘 전체의 색깔이 찰흙에서 재배하여 표피가 담갈색인 것이 좋고, 싹이 돋거나 썩은 곳이 없는 것을 고르도록 한다.

체력을 보강하는 영양 채소

부추

부추의 역사 및 유래는?

부추는 달래과에 속하는 다년생 초본이다. 파류의 일종으로 잎을 식용하기 위해 재배한다. 원산지는 동남아시아와 중국의 서북부로 알려졌으며, 중국에서는 기원전부터 재배되었다. 중국 여제 서태후는 양기를 돋워주는 식품이라 하여 '기양초(起陽草)'라 부르기도 했다. 부추는 '게으름뱅이 풀'이라고도 불리는데, 부추를 먹으면 일할 생각은 않고 성욕만 커진다고 해서 불가에서는 예로부터 금기했다. 부추는 전라도 지역에서는 '솔' 경상도 지역에서는 '정구지'라고도 불린다.

夏

부추에 들어있는 영양소는?

종 류	열량 (kcal)	수분 (%)	단백질 (g)	지질 (g)	탄수화물		회분 (g)	무기질		비타민
					당질(g)	섬유(g)		Ca (mg)	Fe (mg)	β-carotene (μg)
조선부추	21.0	91.4	2.9	0.5	2.8	1.1	1.3	47.0	2.1	3,094.0

부추의 영양성분표 (100g 당)<한국영양학회 제7차 개정판>

부추는 카로틴, 비타민 B₂, 비타민 C, 칼슘, 철 등의 영양소를 많이 함유하고 있는 녹황색 채소이다. 특히 부추는 베타카로틴의 함량이 많은 채소로 늙은 호박의 4배 정도가 들어있다. 부추 잎에 들어있는 당질은 대부분 포도당 또는 과당으로 구성되는 단당류이다.
방향성분인 알릴설파이드(allylsulfide)는 위나 장을 자극하여 소화효소의 분비를 촉진하여 소화를 돕고 살균작용을 한다. 부추는 기운이 없어 체력이 떨어져 허한 기운에 효과가 있는 강장 채소이다.

부추를 이용한 조리 및 음식은?

부추무침 : 부추는 7cm정도 자르고 양파는 채 썰고 깻잎은 반을 썬다. 부추, 양파, 깻잎을 섞고 고춧가루, 식초, 참기름, 깨소금으로 먹기 직전 무친다.

부추비빔밥 : 다진 고기를 양념하여 볶고 부추는 송송 썰어 밥 위에 얹은 다음 양념간장을 만들어 곁들인다.

부추장떡 : 감자를 강판에 갈아 밀가루, 고추장, 된장을 넣고 송송 썬 부추를 넣어 섞는다. 팬에 섞은 재료를 떠 넣고 어슷썬 홍고추를 올려 노릇하게 지진다.

부추김치 : 부추를 씻어 액젓에 절이고 고춧가루, 마늘, 생강, 설탕을 넣고 버무린다.

부추김치 ▶

Q&A

Q 부추는 민간요법으로 많이 쓰이는 식물 중에 하나인데, 부추에는 어떤 효능이 있나요?

A 부추는 위가 거북하거나 입덧이 심할 때는 짓찧어서 짠 즙에 우유나 꿀을 타 마시면 좋아요. 구토가 날 때 부추의 즙을 만들어 생강즙을 조금 타서 마시면 효과가 있어요. 또한 철분이 많이 들어있어 빈혈에도 좋고, 산후통에도 감초와 함께 달여 먹으면 좋아요.
또 부추에는 혈액순환을 좋게 하여 묵은 혈액을 배설하는 성질이 있고, 타박상으로 부은 곳, 동상, 피가 날 때, 상처부위 등에 짓찧어서 즙을 바르면 치료효과가 있어요. 그러나 많이 먹으면 설사를 할 수 있고, 특히 알레르기 체질인 사람은 삼가는 편이 좋습니다.

Q 부추를 몸이 찬 사람이 먹으면 좋은 이유는 무엇인가요?

A 부추의 향을 내는 알리신은 먹으면 분해되어 알리티아민이 되어 말초신경을 활성화시키고 에너지 생성이 잘 되요. 또한 혈액순환을 촉진시켜 몸을 따뜻하게 해주어 몸이 찬 사람에게 좋아요. 부추는 더운 성질이 있어 몸의 기운을 돋우어 주는 역할을 합니다.

Q 부추와 같이 먹으면 더욱 좋은 음식들은 어떤 것들이 있나요?

A 부추는 된장, 돼지고기와 함께 먹으면 좋아요. 된장의 나트륨을 과잉섭취했을 때 부추의 칼륨이 나트륨을 조절해 주고, 또한 된장의 부족한 비타민 A,C를 부추에서 섭취할 수 있어서 좋아요. 돼지고기에는 비타민 B_1이 듬뿍 들어 있는데, 이 비타민 B_1의 흡수를 돕는 유화아릴이라는 성분이 부추에 많기 때문에 함께 먹는 것이 좋습니다.

Q 서양에서는 부추의 독특한 향 때문에 잘 먹지 않는다고 하는데요. 부추의 독특한 향은 무엇인가요?

A 부추의 독특한 향은 마늘 성분과 비슷한데요. 이 향미 성분인 아릴설파이드가 소화작용을 도와주지요. 이 방향 성분은 강력한 암 예방효과가 있고, 항산화 작용을 하여 발암 물질의 독성을 제거하는 해독 효소를 활성화시키므로 특히 위암, 대장암, 피부암, 폐암, 간암 등의 억제에 효과적입니다.

Q 부추는 향 때문에 먹기가 불편한데요. 어떻게 먹는 것이 좋은가요?

A 냄새가 강한 채소를 요리할 때에는 참기름으로 볶거나 무치면 냄새가 나지 않아요. 또 참기름은 부추의 영양소를 보완해 주며 향이 고소해서 식욕을 돋워줍니다.

부추 구입 및 감별법

부추는 잎의 색깔이 선명하여 짙은 녹색을 띠고 곧게 쭉 뻗은 것을 고른다. 잎의 길이가 짧으면서 가늘고 둥근 것이 좋으며 끝이 마른 것은 피한다. 어리고 뿌리 쪽의 흰색 줄기 부분이 많을수록 더 맛이 좋다. 부추는 쉽게 무르므로 사용할 수 있는 양만 그때 그때 구입한다.

여름을 지키는 힘
가지

가지의 역사 및 유래는?

가지는 가자(茄子), 가근(茄根)이라고 하며, 인도 동남부가 원산지이다. 세계 각지에 150여 종이 분포되어 있는데, 중국을 거쳐 우리나라에 들어 온 것으로 보인다. "신라 때 가지의 품종이 우수하여 중국 사람들이 그 씨를 받아 심었다."라는 「해동역사(海東繹史)」의 기록과 "모양이 달걀 비슷하고 엷은 자색의 광택이 나며 꼭지가 길고 단맛이 나는데 지금 중국에 널리 퍼졌다."라는 「본초연의(本草衍義, 중국 송나라)」에 기록이 있는 것으로 보아 가지는 신라시대부터 재배해 왔으며 그 품질이 좋아 중국으로 역수출 된 것으로 보인다.

가지에 들어있는 영양소는?

종 류	열량(kcal)	수분(%)	단백질(g)	지질(g)	탄수화물		회분(g)
					당질(g)	섬유(g)	
가지(생 것)	16.0	94.2	0.8	0.1	3.7	1.95	0.4
가지(말린 것)	241.0	13.1	7.3	1.7	58.6	25.29	5.6
가지(삶은 것)	19.0	93.6	1.1	0.1	4.2	2.5	0.4

가지의 영양성분표 (100g 당)〈한국영양학회 제7차 개정판〉

가지는 과실류 중에 영양가가 낮은 편에 속하며 칼로리도 낮고 수분이 많은 다이어트 식품이다. 가지는 특유의 색으로 식욕을 자극하여 오랫동안 사랑을 받아 왔는데, 가지의 독특한 색은 안토시안계 색소로 나스닌(자주색)과 히아신(적갈색)이라는 배당체가 나타내는 색이다. 가지에 있는 안토시안계 색소는 환경적인 스트레스에 자신을 보호하기 위해 분비되는 물질로 강력한 항산화작용을 한다. 또한 동맥경화를 예방하고 혈중 콜레스테롤의 상승을 억제시켜 심장병과 뇌졸중을 예방한다.

가지를 이용한 조리 및 음식은?

가지냉국 : 가지를 먹기 좋게 잘라 찜통에 쪄서 갖은 양념에 무쳐 놓고, 생수에 소금, 설탕, 식초를 넣고 시원하게 두었다가 가지 무친 것에 부어 낸다.

가지나물 : 가지를 나무젓가락 모양으로 썰어 김 오른 찜통에 쪄서 청장, 파, 마늘, 깨소금, 참기름에 무친다.

가지장아찌 : 가지는 열십자로 칼집을 넣어 소금물에 살짝 데쳐 물기를 말리고, 통에 담아 돌로 누른 후 간장, 설탕, 식초를 끓여 식힌 것을 붓는다.

가지찜 : 가지에 양끝을 남기고 세로로 칼집을 넣어 양념한 고기를 넣는다. 냄비에 가지를 넣고 물을 ½컵 정도 넣어 색이 선명하게 5분 정도 익힌다.

가지나물 ▶

Q & A

Q 예전에는 가지를 동상이나 상처에 이용했다고 하는데 어떤 방법으로 사용했는지 궁금해요?

A 옛 문헌에 나와 있는 활용방법으로는 보통 가지를 달여 먹지만 동상에 걸렸을 때는 달인 물에 발이나 손의 동상 부위를 담그거나, 또는 가지생즙을 환부에 바르기도 합니다. 그늘에 말린 가지 3~4개에 찻숟가락 한 스푼 정도의 감초 가루와 함께 섞어 적당량의 물을 붓고 물이 졸아들 때까지 달여서 반 컵 정도의 기름과 섞어 표피의 환부에 바르고 붕대로 감으면 벤 상처 등의 욱신거리는 통증이 가라앉습니다. 마르면 새 것으로 교환하는 식으로 계속하면 통증이 가시고 낫게 됩니다.

Q 운동을 할 때 가지를 먹으면 정말 좋은가요?

A 가지는 체열을 낮추기 때문에 운동 후에 오는 급격한 체온 상승을 억제하는 효과가 있어요. 운동을 하고 나서 열이 많이 올랐을 때 생가지를 갈아둔 즙을 마시게 하면 잠시 후 열이 많이 내려간 것을 확인할 수 있습니다.

Q 가지를 먹으면 다이어트에 도움이 된다고 하던데, 많이 먹어도 부작용이 없는지요? 먹으면 안 좋은 사람도 있는지요?

A 가지는 칼로리가 거의 없어 열량을 내지 않는 채소이기 때문에 아무리 먹어도 살이 찌지 않아요. 하지만 냉증이 있는 사람이나 임산부는 물론 설사를 자주하거나 소화가 잘 되지 않는 사람은 가지를 많이 먹지 않는 것이 좋아요. 또한 기침을 하거나 목소리를 많이 쓰는 사람이 먹으면 목소리가 거칠어 질 수 있습니다.

夏

Q 가지는 말려서 먹기도 하는데 영양소에는 차이가 없나요?

A 가지를 말리면 수분함량이 13% 정도로 낮아지지만 당질이나 다른 영양소 함량은 생것에 비해 상당히 높아집니다. 가지는 제철에 말려 두었다가 물에 불려서 쇠고기와 같이 볶아 먹으면 1년 내내 쫄깃한 가지를 먹을 수 있습니다.

Q 가지를 삶으면 무르게 되기도 하고 안 익기도 해요. 어떻게 하면 맛있게 조리할 수 있을까요?

A 가지는 썰어두면 공기 속의 산소와 반응하여 갈색으로 변하게 되요. 또 약간 떫은 맛이 있기 때문에 써는 즉시 물에 담그면 갈변과 떫은맛을 없앨 수 있어요. 다른 식품과 달리 가지는 가열해도 영양분이 파괴되지 않는데, 찌기 전에 열이 골고루 전달되도록 길이로 5cm 자르고 옆으로 3등분 정도 갈라 김 오른 찜통에 5분 정도 익히고, 식으면 먹기 좋은 크기로 갈라서 양념에 무칩니다. 무칠 때 식초를 넣기도 하는데 마지막에 넣어야 가지색이 변하지 않습니다.

가지 구입 및 감별법

가지는 햇볕을 충분히 받아 표면이 매그럽고 윤기가 있으며 색이 선명한 것이 좋다. 속은 씨가 없고 치밀하며 과육이 연한 것이 단맛이 난다. 껍질은 얇으며 모양이 바르고 곧은 것이 좋다. 가지를 싸고 있는 갓은 검으며 가시가 날카로운 것이 싱싱한 것이다. 일반적으로는 절임용 가지로는 과육이 질긴 것이 있는데 너무 성숙하면 종자가 단단해지므로 바람직하지 않다.

작지만 큰 비타민 창고

고추

고추의 역사 및 유래는?

고추는 가지과에 속하는 다년생 초본이다. 원산지는 남아메리카로 1493년 콜럼버스가 스페인으로 가져가 유럽에 전파하였다. 우리나라에는 1592년 임진왜란 전후로 일본으로부터 전래된 것으로 추정한다. 왜군이 조선사람을 독한 고추로 독살하려고 가져왔으나 오히려 고추를 즐기게 되었다는 설도 있다.

조선시대 실학자 이수광의 『지봉유설(芝峰類說)』에 '왜개초(倭芥草)'로 소개되어 있다. 고추라는 이름은 후추와 비슷하면서 맵다 하여 '매운 후추'라는 의미에서 붙여진 것이다. 고추는 왜겨자, 남초, 왜초 등으로 불렸다고 한다.

夏

고추에 들어있는 영양소는?

종류	열량(kcal)	수분(%)	단백질(g)	지질(g)	탄수화물		회분(g)	무기질		비타민
					당질(g)	섬유(g)		Ca(mg)	K(mg)	C(mg)
고추	83.0	57.0	2.4	0.5	0.4	7.76	0.8	15.0	236.0	92.0

고추의 영양성분표 (100g 당)<한국영양학회 제7차 개정판>

고추의 주요 성분은 수분이 90~93%이며 비타민C가 많아 사과의 50배, 귤의 2~3배정도 들어 있고 비타민 A, B1, B2, E가 풍부하다. 무기질 중에는 칼륨(K), 인(P), 칼슘(Ca)도 함유되어 있다. 고추의 매운 성분은 캡사이신(Capsaicin)이고 빨간색소는 캡산틴(Capsanthin)과 카로틴(Carotene)을 함유하고 있다.

캡사이신(Capsaicin)은 혈전 용해력이 있어 혈관을 확장시켜 주며 혈중콜레스테롤의 수치를 감소시켜 주고 체지방을 줄여 비만의 예방과 치료에 도움이 되고 열을 가해도 쉽게 산화되지 않는다. 그러나 고추의 과잉섭취는 오히려 위 점막을 상하게 하므로 적당히 먹는 것이 바람직하다.

고추를 이용한 조리 및 음식은?

고추잡채 : 쇠고기와, 버섯, 양파, 고추를 채 썰어 팬을 뜨겁게 달구어 단단한 재료부터 볶다가 양념간장을 넣고 참기름을 두른다.

꽈리고추조림 : 냄비에 식용유를 두르고 채 썰어 양념한 쇠고기와 꽈리고추를 볶다가 간장, 설탕, 물엿, 깨소금, 참기름을 넣고 조린다.

꽈리고추산적 : 꽈리고추는 살짝 데치고 쇠고기와 번갈아 꼬지에 끼워 양념장을 발라 가며 굽는다.

고추소박이 : 고추에 칼집을 넣어 2시간 정도 소금에 절인 후 무를 채썰어 김치 양념으로 버무린 후 고추 속에 넣는다.

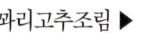
꽈리고추조림 ▶

Q & A

Q 물들인 고춧가루가 시중에 유통된다고 해서 주부들을 긴장시키고 있는데 확인할 수 있는 방법이 있을까요?

A 두부와 고춧가루를 함께 끓인 후 두부를 꺼내 찬물에 담갔을 때 두부의 하얀색이 나오면 고춧가루가 맞고, 붉은 물이 들어 빠지지 않으면 고춧가루에 색을 들인 것을 확인할 수 있습니다.

Q 고춧가루는 보관 시 변색이 잘 되는데요. 보관법을 말씀해주세요?

A 건조된 건 고추는 습기가 적고 환기가 잘되며, 서늘하고 햇빛을 받지 않는 곳에 보관해야 해요. 구입 후 최대한 빠른 시일 내에 손질하여 고춧가루로 만든 후 비닐봉지에 넣어 완전히 밀봉하거나 밀폐 용기에 넣어서 냉장고에 보관하는 것이 좋아요. 장기간 보관할 때에는 3등분으로 잘라 씨를 빼고 압축시켜 공기를 빼서 부피를 작게 한 다음 보관하는 것이 좋습니다.

Q 일본에서 한때 김치 다이어트 열풍이 불었는데요. 정말 효과가 있나요?

A 고추에 들어있는 캡사이신(capsaisin)은 체지방을 줄여 비만의 예방과 치료에 효과가 있어요. 에너지 대사와 관련한 교감 신경을 활성화하여 혈액의 흐름을 원활하게 하고 이로 인해 체온이 상승하면서 체내의 지방을 소모하여 지방 축적을 막아 다이어트에 효과가 있다고 할 수 있습니다.

夏

Q 대부분 고추를 요리할 때 씨는 사용하지 않는데요. 고추씨도 함께 먹으면 좋은가요?

A 모든 식물의 씨가 그렇듯이 고추씨에도 각종 무기질을 비롯하여 생존에 필요한 영양소가 풍부하게 들어있어요. 고추씨에 들어 있는 불포화 지방산은 대부분이 필수지방산으로 구성되어 있으며, 항균 작용과 항암효과까지 있으므로 버리지 말고 함께 먹는 것이 좋습니다.

Q 경기가 불황일 때 오히려 고추의 소비량이 증가한다는 기사를 보았는데요. 왜 그런가요?

A 고추의 매운맛은 열을 발산시켜 몸을 시원하게 만들 뿐만 아니라 통각 세포가 감지한 매운맛을 없애기 위해 뇌에서는 엔도르핀을 분비하여 스트레스를 해소해 준다고 해요. 때문에 경기가 불황일 때는 고추처럼 매운맛을 가진 음식의 인기가 높아진다는 통계가 있어요. 실제로도 고추의 매운맛은 기운을 발산하는 성질이 있어서 마음속에 쌓인 울적함과 답답함을 풀어 주기도 합니다.

고추 구입 및 감별법

풋고추는 모양이 곧고 빛깔이 맑으며 진하고, 껍질이 탄력이 있으며 두껍고 윤이 나야 한다. 또한 꼭지가 단단하게 붙어 있고 벌레 먹지 않아야 한다. 잘 건조된 고추는 윤기가 나고 광택이 좋아야 하며 표면의 색깔은 선홍색으로 밝고, 속심은 붉은 빛이 진한 것이 좋다. 고추씨는 적을수록 좋고, 흔들어서 씨앗소리가 딸랑거리는 것이 좋다. 과피가 두꺼운 고추는 다소 검은 듯하게 보이나 제분하면 색상이 좋고 가루가 많이 난다. 과피가 얇은 것은 투명하고 색상은 좋으나 제분하면 가루가 곱지 않다.

피부미용에 좋은 수분 공급원

오이

오이의 역사 및 유래는?

오이는 인도 원산의 1년생 덩굴형 초본으로 이시진의 「본초강목(本草綱目)」에 의하면 장건이 서역에 갔다가 귀국할 때 가져왔다고 해서 '호과'라는 이름이 붙었다고 한다. 후에 노랗게 익기 때문에 황과(黃瓜)라고 불리었다. 오이의 이름은 물외, 호과, 황과로도 쓰여 진다. 우리나라에 도입된 시기는 「고려사(高麗史)」의 오이와 참외 재배에 관한 기록과 「해동역사(海東繹史)」의 기록으로 보아 1500년 전으로 추정할 수 있다.

오이에 들어있는 영양소는?

종류	열량 (kcal)	수분 (%)	단백질 (g)	지질 (g)	탄수화물		회분 (g)	무기질 K (mg)	비타민 A (R.E)
					당질(g)	섬유(g)			
오이	9.0	96.3	0.8	0.1	1.7	0.7	0.5	162.0	30.0

오이의 영양성분표 (100g 당)<한국영양학회 제7차 개정판>

오이의 성분은 수분이 96%이며 칼륨(K) 함량이 높은 알칼리성 식품이다. 칼륨의 함량이 높아 체내에 노폐물을 체외로 배출하는 작용을 하여 피를 맑게 하므로 고혈압 환자에게 좋으며 이뇨작용을 한다. 또한 당질, 단백질, 지질 함량이 낮아 열량이 매우 낮으며 비타민 A와 C가 함유되어 있다. 비타민 C는 어린 과실에 많고 과실이 커짐에 따라 감소한다. 오이는 칼로 자르면 아스코르비나제(ascorbinase)라는 효소가 나와 비타민 C를 파괴하므로 주의해야 한다.

오이를 이용한 조리 및 음식은?

녹차오이소박이 : 오이는 양끝은 남기고 가운데만 칼집 내어 소금에 절인다. 부추를 송송 썰고 녹차잎을 넣어 고춧가루, 파, 마늘, 생강 양념을 하여 부추소를 만들어 오이 사이사이에 소를 넣고 버무려 익힌다.

오이생채 : 오이와 양파 등을 썰어 소금에 살짝 절여서 고춧가루, 설탕, 파, 마늘, 깨소금 등을 넣고 버무린다.

오이샐러드 : 오이, 양상추, 파프리카 등을 한 입 크기로 썰어 떠먹는 요구르트에 섞는다.

오이선 : 오이에 칼집을 어슷어슷 넣고 소금물에 절여서 물기를 없애고 살짝 볶는다. 황백지단채, 고기 채, 표고 채를 볶아 오이 칼집 사이에 넣고 설탕, 소금, 식초를 섞어 단촛물을 만들어 끼얹는다.

녹차오이소박이 ▶

Q & A

Q 등산갈 때 밥 대신 오이를 가져가는 사람이 많은데 이유가 있나요?

A 오이에는 특유의 은은한 향이 있고 수분이 96%로 많아 산에 오르면서 갈증이 날 때 오이를 먹으면 수분보충을 해 주기 때문에 좋습니다.

Q 무와 오이를 함께 먹으면 좋지 않은가요?

A 생채나 물김치를 만들 때 무와 오이를 함께 넣지요. 오이 푸른색깔은 흰 무와 어울리고 맛이 있어 많이 사용되고 있는데 이는 잘못된 배합이에요. 오이에는 비타민 C가 존재하지만 칼집을 내면 세포에 있던 아스코르비나제(ascorbinase)라는 효소가 나와요. 이것은 비타민 C를 파괴하는 효소로서 무와 오이를 섞으면 무의 비타민 C가 파괴되어 함께 먹지 않는 것이 좋습니다.

Q 요즘 오이소주가 나오던데 오이와 소주의 궁합은 어떤가요?

A 술을 좋아하는 사람도 자극성이 강한 알코올의 향은 거부감을 갖지요. 소주를 마시면서 '캬'하는 소리를 내는 데 그것이 알코올의 자극취에 대한 거부감의 표현이라 할 수 있어요. 그런데 오이를 가늘게 썰어 소주 안에 넣으면 자극취가 가시고 맛이 순해져요. 술을 마시면 체내에 칼륨(K)이 배설되므로 이 때 오이의 칼륨을 보충하는 것은 매우 합리적입니다.

夏

Q 오이의 꼭지 부분은 써서 요리에 사용하지 않는데 사실인가요?

A 오이를 재배하는 동안에 저온이나 건조 또는 고온으로 인하여 발육이 불완전할 때 오이의 끝부분에서 '에라테린(elaterin)'이라고 하는 쓴맛이 나요. 쓴맛이 강해서 그 부분은 조리에 이용하지 않는 것이 좋습니다.

Q 오이지 담글 때 적당한 소금물의 농도는 어느 정도인가요?

A 물과 굵은소금의 비율을 10:1정도의 비율로 하여 오이가 잠길 정도의 소금물을 펄펄 끓여 오이에 붓고 떠오르지 않도록 돌이나 무거운 것으로 눌러두고 7일이 지나면 먹을 수 있어요. 그러나 너무 익기 전에 냉장 보관하는 것이 물러지지 않아 좋습니다.

오이 구입 및 감별법

오이를 고를 때는 형태가 곧으며 너무 굵지 않은 것으로 껍질에 돋은 가시가 뚜렷해야 한다. 색이 연하고 꼭지가 마르지 않아야 하고 물에 담갔을 때 무거워서 가라앉는 것이 좋은 것이다. 우리나라에서는 주로 백다다기 오이를 사용하는데 색이 연하고 돌기가 뚜렷하지 않으며 과육이 연하다.
샐러드 재료로 흔히 쓰는 오이는 가시오이로 색이 진하고 가시가 뚜렷하고 과육이 아삭아삭 하다. 껍질이 누렇고 두꺼우며 크기가 큰 것은 노각이라고 하는데 살이 탄력이 있고 아삭해서 생채용으로 알맞다.

고혈압에 좋은 빨간 채소
토마토

토마토의 역사 및 유래는?

토마토는 가지과에 속하는 1년생 초본으로 16세기 초에 이탈리아에서 전파하여, 점차 유럽 전체에 퍼져 17세기에 영국에 들어갔으며 화초로 재배되었다. 우리나라는 조선왕조 광해군 때 이수광의 「지봉유설(芝峰類說, 1614년)」에 토마토 이름인 '남만시(南蠻柿)'가 기록된 것으로 보아 토마토가 그 이전에 전래된 것으로 짐작된다.

이와 같이 토마토가 전래된 년대는 350여년 전이라고 하지만 재배가 일반화된 것은 그리 오래지 않다. 한방에서는 토마토를 '번가(蕃茄)'라고 부른다.

夏

토마토에 들어있는 영양소는?

종류	열량 (kcal)	수분 (%)	단백질 (g)	지질 (g)	탄수화물		회분 (g)	무기질		비타민
					당질(g)	섬유(g)		k (mg)	P (mg)	C (mg)
토마토	14.0	95.2	0.9	0.1	2.9	0.4	0.5	178.0	19.0	11.0

토마토의 영양성분표 (100g 당)<한국영양학회 제7차 개정판>

토마토는 비타민 C와 칼륨, 칼슘 등 무기질의 함량이 많은 알칼리성 식품이다. 펙틴이 3% 정도로 위에 머무는 시간이 길어 포만감이 오래간다. 토마토의 붉은 색소인 라이코펜(lycopene)은 뛰어난 항암제로서 강력한 항암작용, 노화방지에 효과적이다.

토마토에 함유된 루틴(rutin)은 비타민 P의 일종으로 혈관을 튼튼하게 하고 혈압을 내리는 작용을 하므로 고혈압인 사람에게 좋고, 위장기능을 강화시켜 소화에 도움을 준다. 토마토에는 아미노산의 일종인 글루타메이트(glutamate)성분이 많아 근육피로의 주원인인 젖산의 생성을 막아주어 피로회복에 효과가 있다

토마토를 이용한 조리 및 음식은?

토마토모짜렐라치즈샐러드 : 토마토는 깨끗이 씻어 둥근 모양을 살려 옆으로 썰고 후레쉬 모짜렐라 치즈도 동그란 형태를 살려 옆으로 0.7cm 두께로 썬다. 토마토와 치즈를 차례차례 돌려 담고 올리브오일에 소금, 설탕, 발사믹 식초를 섞어 끼얹는다.

토마토스프 : 양파는 곱게 채 썰어 팬에 올리브오일을 두르고 약한 불에 10분 정도 볶은 다음 토마토를 깍둑썰기 하여 넣고 물을 붓고 10분 정도 끓이다가 간을 맞춘다.

새알심토마토죽 : 토마토를 믹서기에 갈아 물을 붓고 끓이다가 찹쌀가루로 새알심을 빚어 넣고 저어가며 끓인 다음 간을 한다.

토마토샐러드 : 토마토, 사과, 양파, 파프리카를 썰어서 올리브오일, 간장, 설탕, 식초를 잘 섞어 소스로 끼얹는다.

토마토모짜렐라치즈샐러드 ▶

Q&A

Q 유독 여름철에 토마토가 좋은 이유는 무엇인가요?

A 토마토에는 비타민 B₁, 비타민 B₂, 비타민 C가 풍부하기 때문에 한여름 땀을 많이 흘려 부족해지기 쉬운 비타민을 보충할 수 있어요. 특히 온도가 상승할수록 비타민 B₁의 필요량이 많아지는데 토마토는 여름의 기를 듬뿍 받아 많이 섭취하면 더위를 물릴 칠 수 있습니다.

Q 토마토가 붉은빛을 띠는 이유는 무엇인가요?

A 토마토가 붉은 것은 리코펜(lycopene)이라는 붉은 색소를 갖고 있기 때문이에요. 리코펜은 카로티노이드의 2배 정도의 항산화작용을 해요. '토마토가 빨갛게 익으면 의사의 얼굴이 파랗게 된다'는 서양 속담이 있을 정도로 그 효과가 유명한데, 토마토는 DNA의 손상을 줄여주고 항암작용 및 동맥경화, 피부의 노화도 막아줍니다.

Q 요즘은 방울토마토를 참 흔하게 볼 수 있는데, 굵은 토마토와 어떤 차이점이 있나요?

A 방울 토마토는 특별히 개량된 것으로 작아서 먹기가 좋고 당도가 일반 토마토보다 높아서 인기가 좋아요. 재미있는 사실은 방울토마토가 원래 토마토를 크게 개량하는 과정에서 만들어졌다는 것인데, 커진 것이 아니라 실수로 오히려 작아진 것이지요. 방울토마토는 크기가 일반 토마토의 10분의 1 정도밖에 되지 않지만 비타민과 무기질 등의 영양소는 일반 토마토와 큰 차이가 없어요. 그러나 당도는 방울토마토가 더 많습니다.

Q 토마토의 영양을 최대한 살리면서 맛있게 조리해 먹는 방법은?

A 채소는 날로 먹어야 좋은데 토마토는 기름에 볶아 익혀 먹었을 때 체내 리코펜 흡수율이 높아져요. 이는 리코펜이 열에 강하고 기름에 용해되기 쉬운 성질을 갖고 있기 때문입니다.

Q 토마토에 설탕을 뿌리면 안 좋은가요?

A 토마토는 다른 과일에 비해 단맛이 적기 때문에 그냥 먹으면 싫어하는 사람이 있어요. 토마토의 비타민 B_1은 우리 몸 안에 흡수하는 과정에서 당질 대사에 필요한 성분인데, 토마토를 설탕과 함께 먹으면 우리 몸에 들어가기 전에 당분인 설탕이 비타민 B_1을 흡수하게 되어 영양손실이 있어요. 그렇기 때문에 토마토는 그대로 먹는 것이 좋습니다.

토마토 구입 및 감별법

토마토는 껍질이 탄력이 있고 색깔이 짙은 것을 고른다. 특히 꼭지가 시들지 않은 것이 좋고 완전히 익어서 물렁거리지 않아야 한다. 꼭지 부분에 노란 별 모양이 있거나 별 모양이 클수록 당도가 높다. 표면이 쭈글쭈글하지 않고 껍질에 윤기가 흐르는 것이 신선하다. 만져보아 단단하고 손에 들면 묵직하게 무게가 있는 것을 고른다. 둥근 원형이 좋고 지나치게 큰 것보다는 200g 내외의 크기가 우량품이다.

무더운 여름철 갈증해소의 명약
수박

수박의 역사 및 유래는?

수박은 박과에 속하는 일년생의 덩굴풀이다. 아프리카가 원산지로 우리나라에는 고려 때 원나라를 통해 처음 들어왔다. 허균이 쓴 「도문대작(屠門大嚼)」을 보면 "고려를 배신하고 몽골에 귀화하여 고려 사람을 괴롭힌 홍다구(洪茶丘, 1244~1291)가 처음으로 개성에다 수박을 심었다"라는 기록이 보인다.
수박은 겉과 속이 다른데다 오랑캐가 가져온 과일이라 해서 조선 초까지 선비들이 먹지 않았다고 전해지기도 한다. 수박은 영어로 '워터멜론(watemelon)'으로 불리며, '수분이 많은 과일'이라는 뜻을 지니고 있다. 서역에서 들어왔다고 하여 '서과(西瓜)', 물이 많다고 하여 '수과(水瓜)', 성질이 차다고 하여 '한과(寒瓜)' 등으로 불린다.

수박에 들어있는 영양소는?

종류	열량 (kcal)	수분 (%)	단백질 (g)	지질 (g)	탄수화물		회분 (g)	무기질 K (mg)	비타민	
					당질(g)	섬유(g)			A (R.E)	C (mg)
수박	31.0	91.2	0.7	0.2	7.5	0.1	0.3	102.0	26.0	6.0

수박의 영양성분표 (100g 당)〈한국영양학회 제7차 개정판〉

수박은 수분 91%, 단백질 0.7%, 당질 7.5%, 비타민 A와 C가 많고, 칼륨도 함유되어 있다. 수박의 당분은 과당으로 체내에서 흡수, 이용이 빠르므로 피로회복에 좋다. 수박에 함유되어 있는 아미노산의 일종인 시트룰린(citrulline)은 이뇨작용이 커서 신장병에 효과가 있다고 알려져 있다. 또한 해열, 해독작용이 커서 햇볕을 받아 일사병이 나타날 때 수박을 먹으면 좋다. 또한 수박씨에는 무기질 및 비타민 B군 등이 함유되어 영양이 풍부하다.

수박을 이용한 조리 및 음식은?

수박화채 : 수박을 한 입 크기로 썰어 기호에 따라 오미자차, 설탕물, 사이다 등을 섞어 시원하게 먹는 음료이다.

수박생채 : 수박 속껍질의 연두색 부분을 얇게 채 썰어 소금에 절인 다음 물기를 없애고 고추장, 파, 마늘, 깨소금을 넣고 무친다.

수박정과 : 수박의 속껍질을 도톰하게 썬 다음, 설탕 시럽이나 조청을 넣고 약한 불에 40분 정도 조린다.

수박죽 : 수박 속껍질과 빨간 과육을 믹서에 곱게 갈아 냄비에 넣고 약한 불에서 조린다. 반 정도 졸아들면 찹쌀가루를 물에 되직하게 개어 수박 죽에 넣고 저어주면서 끓인다.

수박화채 ▶

Q&A

Q 수박을 먹을 때 씨를 버리는데, 씨에도 영양이 많나요?

A 씨는 원래 생명을 탄생시키기 때문에 영양이 아주 많아요. 씨에는 좋은 단백질과 지방이 많아 원래 씨를 먹기 위해 재배되었다는 말이 있을 정도에요. 수박씨는 폐를 맑게 하고 가래를 삭히고 장을 원활하게 해주며 혈압을 낮추는 작용을 해요. 수박씨는 볶아서 차로 먹고 기름을 짜서 먹기도 합니다.

Q 수박은 왜 여름철 보약입니까?

A 수박은 '과일'이라기보다는 '채소'에 속해요. 수박에 들어있는 탄수화물은 대부분이 과당과 포도당이지요. 이 성분은 다른 영양소보다 빨리 우리 몸에 흡수되어 더위로 지친 몸의 피로를 빨리 회복시켜 주지요. 또한 땀으로 빠져나간 무기질을 보충해주는 역할을 하기 때문에 특히 여름에 좋은 과일입니다.

Q 수박은 누구나 좋아하는 과일인데 먹지 말아야 할 사람도 있나요?

A 수박은 찬 성질이 있어 많이 먹으면 구토나 설사를 하는 사람이 있어요. 그래서 위장이 약한 사람과 찬 기운을 가지고 있는 사람, 또는 당분이 많기 때문에 당뇨가 있는 사람도 피하는 것이 좋습니다.

Q 수박은 보통 그냥 쪼개어 먹거나 화채를 만들어 먹는데요. 함께 먹으면 좋은 식품도 있나요?

A 수박은 91%가 수분으로 이루어져 있으며 칼로리가 낮아서 수박만 먹으면 영양상 균형이 맞지 않을 뿐더러 배탈이 날 수 있어요. 수박 다이어트를 하고 싶다면 열량이 낮고 영양의 균형이 맞아야 하는데 따뜻한 성질이 있는 양배추, 호박, 고추, 당근 등의 채소와 함께 섭취하는 게 좋습니다.

Q '수박 겉핥기'라는 말이 왜 생긴 건가요?

A 수박은 껍질이 많고 수분이 91%로 다른 과일보다 많기 때문에 영양적으로 실속이 없다는데서 생긴 말입니다. 그러나 무기질과 비타민이 골고루 들어있고 수박에 들어 있는 시트룰린(citrulline)이라는 특수성분은 단백질이 변과 소변으로 배출되는 과정을 도와 오히려 부종을 예방하는 역할을 합니다. 소변이 잘 나오지 않으면 피로해지고 몸이 붓게 되지요. 그래서 신장 기능이 약해서 소변이 원활하지 못할 때 수박을 먹으면 도움이 됩니다.

수박 구입 및 감별법

수박은 일반적으로 큰 것이 상품인데 껍질이 얇고 탄력이 있으며 꼭지 부위의 줄기가 싱싱한 것을 고른다. 하우스 수박은 짙은 녹색보다 연한 연두색이 좋고 수박 특유의 검은 줄무늬가 뚜렷하며 색이 짙은 것이 상품이다. 잘 익어 속살이 싱싱하고 당도가 높으며 감미가 풍부하고 씨가 없거나 적은 것이 좋다.
과육의 조직은 치밀하며 속이 꽉 들어찬 것이 좋다. 꼭지는 가늘고 물기있는 것이 싱싱한 수박이다. 또 꼭지에 난 털이 수박 쪽으로 갈수록 털이 적은 것이 더 달다. 수박꼭지 반대편을 살펴보면 손톱만 한 크기의 꽃이 폈던 흔적이 남아있다. 이 자국을 비교해 봤을 때, 작은 것이 더 맛있는 수박이다.

여름철 피로회복제
매실

매실의 역사 및 유래는?

　　매실(梅實)은 장미과에 속하는 매화나무의 열매로 원산지는 중국이다. 2,000여 년 전에 쓰여진 중국 의학서 「신농본권경」에는 이미 약으로 이용한 것으로 기록되어 있다. 한국에는 고려 초기부터 약재로 써온 것으로 추정되는데, 한방에서는 매실을 나무나 풀 말린 것을 태운 연기에 그을려 빛깔이 까마귀(烏)처럼 검다고 하여 '오매(烏梅)'라 하였으며 약재로 이용하여 왔다.
나관중의 「삼국지연의(三國志演義)」를 보면 조조가 군사들과 푸뉴산맥을 넘다가 물이 떨어져 목이 말라 꼼짝도 못하는 군사들에게 "이 산만 넘으면 매실이 주렁주렁 달린 매화나무 밭이 나온다"고 하자 군사들이 입안에 침이 고여 갈증을 잊어 무사히 행군을 마쳤다고 한다.

夏

매실에 들어있는 영양소는?

종류	열량 (kcal)	수분 (%)	단백질 (g)	지질 (g)	탄수화물		회분 (g)	무기질	
					당질(g)	섬유(g)		Ca (mg)	K (mg)
매실	29.0	90.5	0.7	0.2	7.0	2.5	0.5	7.0	230.0

매실의 영양성분표 (100g 당) <한국영양학회 제7차 개정판>

매실은 알칼리성 식품으로 수분이 약 90%이며, 당질은 7%정도이고, 그 밖에 사과산, 주석산, 호박산 등이 많이 들어 있다. 매실은 신맛이 강해 입맛을 돋우며, 체내 노폐물을 배출하고 신진대사를 촉진시킨다. 매실의 구연산은 사과나 복숭아의 30~40배 정도 들어 있으며, 해독작용과 강한 살균성이 있다. 에너지 대사에 관여하여 피로회복에 효과가 있다. 무기질에는 K의 함량이 많으며 비타민의 함량은 적은 편이다.

매실를 이용한 조리 및 음식은?

매실캘리포니아롤 : 흰밥에 단촛물을 하고 매실 절임을 소로 이용하여 김밥처럼 말아 상큼하면서 새콤한 맛의 롤을 만든다.

매실주먹밥 : 흰밥에 소금, 깨소금, 참기름을 섞은 후 매실장아찌를 소로 넣고 주먹밥을 만든다.

매실장아찌 : 매실은 씨를 빼내고 동량의 설탕에 20일정도 절인다. 매실을 건져 고추장, 마늘에 섞는다.

매실튀김 : 통 매실 절임은 껍질이 깨지지 않은 것을 선택하여 전분을 입혀 튀긴다.

◀ 매실장아찌

Q & A

Q 매실을 이용한 음료는 어떤 것이 있으며 효능은 무엇인가요?

A 우리나라에서는 매실을 알코올에 넣어 매실주를 만들거나 매실 추출액을 희석하여 매실음료로 이용해요. 매실추출물은 피로회복, 식욕증진, 미용개선, 노화방지, 정서안정, 고혈압 등의 한약재로 이용하는데 시트르산, 사과산 같은 유기산과 무기질이 함유되어 있어서 갈증해소, 피로회복에 효과가 있습니다.

Q 매실이 위에 좋다고 하던데요. 오히려 너무 시어서 속을 상하게 할 것 같은데요. 어떤 게 맞나요?

A 매실은 오히려 위산 분비를 조절하여 위산과다나 저산증에 효과가 있어요. 매실은 살균, 해독작용이 뛰어나 '3독', 즉 음식물의 독, 피 속의 독, 물의 독을 없앤다는 말이 있어요. 매실에 들어 있는 피크린산은 독성 물질을 분해하고 살균작용을 하여 식중독, 배탈 등의 질병을 예방하고 치료합니다. 마찬가지로 강한 해독작용과 살균작용을 하는 카테킨산은 장 속 살균력을 높여 주기 때문에 만성대장 증후군과 만성 변비, 만성 설사 등으로 대장 기능이 약해진 사람들에게 효과가 있습니다.

Q 매실이 임산부에게 좋은 식품으로 알려져 있는데 왜 그런가요?

A 매실은 임산부와 폐경기 여성에게 매우 좋아요. 매실 속에 들어있는 칼슘의 양은 포도의 2배, 멜론의 4배 정도가 되지요. 또한 매실 속에는 칼륨도 다량 함유되어 있어요. 체액의 성질이 산성으로 기울면 인체는 그것을 중화시키려고 하는데 이 때 칼륨이 필요해요. 칼슘은 장에서 흡수되기 어려운 성질이 있으나 구연산과 결합하면 흡수율이 높아져요. 따라서 매실은 성장기 어린이, 임산부, 폐경기 여성에게 매우 좋은 식품입니다.

Q 일본의 대표적인 장아찌인 우메보시는 녹색청매로 담그는 것으로 알고 있는데요. 왜 붉은 색을 띠고 있나요?

A 그것은 바로 차조기라는 식물의 잎 때문이에요. 차조기는 1년 초로 들깨와 비슷하게 생겼는데 이 차조기 잎을 짜낸 물을 매초에 넣으면 곧 분홍색으로 변하는데 이것이 우메보시가 붉어지는 원리입니다. 차조기 잎에는 안토시아닌이라는 성분이 함유되어 있는데 이것이 사과산, 구연산, 주석산 등 신맛을 내는 산성물질과 만나면 화학반응을 일으켜 분홍색으로 변색하게 되지요. 매실을 소금에 절이면 구연산 등이 차차 스며 나와 차조기의 색이 바뀌다가 얼마 후에는 붉은 매초가 생겨 매실도 붉어지게 됩니다.

Q 매실은 주로 장아찌나 술을 담궈 먹는데요. 그냥 생으로 먹는 게 더 좋지 않나요?

A 매실은 나오는 기간이 보름 정도밖에 되지 않고 다른 과일처럼 생것으로 보관할 수 없어 주로 가공하여 만들어 먹어요. 신맛이 너무 강하고 씨에 들어 있는 아미그다린(amygdalin)이라는 청산배당체가 독성을 갖고 있기 때문에 주로 가공하여 먹어요. 가공을 해도 매실 고유의 성분이 크게 손실 되는 것은 아니므로 염려하지 않아도 됩니다.

매실 구입 및 감별법

매실은 6월부터 출하되기 시작하는데 6월 중순에서 7월 초순 사이의 것이 가장 좋다. 직경이 약 4cm 정도 되고 깨물었을 때 신맛과 단맛이 나며 알이 단단한 것을 고른다. 색이 선명하고 껍질에 흠이 없어야 하며 씨가 작고 과육이 많은 것으로 고른다. 또한 벌레 먹지 않아야 한다.

세계에게 가장 오래된 과일

포 도

포도의 역사 및 유래는?

포도는 포도나무의 열매로, 포도라는 이름은 페르시아어 'budow'를 중국에서 소리나는 대로 적은 포도(葡萄)에서 왔다. 코카서스 지방과 카스피해 연안이 원산지로 인간이 재배했던 과일 중에 가장 오래된 역사를 가지고 있다. 고대 이집트의 벽화에 포도주 담그는 그림과 상형문자에서도 포도를 이용한 흔적이 발견되었다. 우리나라에서는 고려 이전에 중국에서 들여와 재배한 것으로 보이나 기록이 뚜렷하지 않다. 다만 1400년대 전순의가 지은 「산가요록(山家要錄)」에 포도나무에 대한 기록이 나와 있는 것으로 보아 그 재배와 역사가 오래되었음을 알 수 있다.

포도에 들어있는 영양소는?

종류	열량(kcal)	수분(%)	단백질(g)	지질(g)	탄수화물		회분(g)
					당질(g)	섬유(g)	
포도	60.0	86.4	0.4	0.8	14.1	0.9	0.3

포도의 영양성분표 (100g 당)<한국영양학회 제7차 개정판>

　　포도의 주성분인 당질은 과당과 포도당인데 체내에 쉽게 흡수되어 피로회복에 좋으며, 비타민과 유기산, 구연산 등의 각종 영양소가 풍부한 식품이다. 포도는 심장병을 예방하는 대표적인 식품으로 알려져 있는데 이는 포도에 들어있는 식물성 색소인 플라보노이드의 혈전생성 억제작용에 기인한다. 식물은 외부의 스트레스에 저항하기 위해 대항하는 물질을 만들어 내는데 포도껍질에 많이 들어 있는 '레스베라트롤'이 이런 물질 중 하나로 암세포의 증식을 억제한다. 따라서 포도를 먹을 때 껍질까지 같이 먹는 것이 좋다.

포도를 이용한 조리 및 음식은?

포도식초 : 포도 5kg을 세척한 뒤 상처가 있는 것은 골라내고 파쇄하여 설탕 1.5kg과 이스트 3g을 섞어 항아리나 통에 담아 1주일 정도 발효시킨다. 1차 발효 시킨 것을 여과하여 원액만을 새 항아리에 담고 30일 이상 숙성시켜 초를 만든다.

포도셔벳 : 달걀 흰자 1개를 거품낸 다음 포도즙 1컵과 물 2컵 꿀 6큰술을 넣고 섞어 냉동실에 얼렸다 꺼내어 포크로 긁어서 다시 얼리기를 서너번 반복한다.

포도차 : 잘 익은 포도를 깨끗이 씻은 뒤 씨와 함께 갈아 포도즙을 만들어 냄비에 넣고 조려 절반 정도 줄어들면 꿀을 더 넣고 끓이면 포도원액이 된다. 기호에 따라 포도원액을 생수에 타서 먹는다.

포도송편 : 포도를 껍질만 모아 약한 불에 끓여 즙만 걸러서 멥쌀가루와 섞어 반죽한 후 달콤한 깨소를 넣고 송편을 빚어 김 오른 찜솥에 찐다.

 포도차 ▶

Q&A

Q 세계적 장수 국가인 핀란드에서는 포도의 일종인 블루베리가 최고의 건강과일로 통한다고 해요. 보라색 과일이 노화방지에 좋다고 하는데 어떤 효과가 있나요?

A 포도에는 비타민 C, 비타민 E, 플라보노이드 등이 풍부한데, 이는 질병과 노화를 일으키는 활성산소의 반응을 억제하는 항산화물질로서 노화방지에 효과적이에요. 특히 식물성 색소인 플라보노이드는 포도 껍질의 자주색 색소에 많이 들어있으므로 포도를 먹을 때 껍질까지 함께 먹는 것이 좋습니다.

Q 포도씨가 미용에 좋은 것은 무슨 이유 때문인가요?

A 포도씨에는 지방이 20%가량 들어있는데, 주성분은 리놀레산(linoleic acid)과 스테아린산(stearic acid)으로 필수지방산에 속해요. 리놀레산은 피부의 정상적 기능과 생식기능의 정상적 발달에 대해 독보적인 역할을 하는데, 이러한 이유로 포도를 씨까지 씹어 먹기도 해요. 또한 포도씨 기름엔 필수지방산, 토코페롤이 다량 함유되어 있어 이를 피부에 바르면 토코페롤(tocopherol)성분이 주름을 방지해 피부미용에 효과적입니다.

Q 포도가 다이어트에 좋다고 하는데 정말 좋은가요?

A 1928년 이태리 생화학자가 장암에 걸렸을 때 경험이 알려지면서 유명하게 되었어요. 포도는 당도가 높고 체내흡수가 잘 되는 강 알칼리성 과일이어서 포도 다이어트를 하는 사람이 많은 것 같아요. 포도는 당분이 매우 많아 과일 중에서 칼로리가 높은 편이지만 포도에는 단백질과 지방 등 부족한 영양소가 많아요. 그렇기 때문에 포도 한 가지만 먹는 것은 위험합니다.

夏

Q 포도를 씻을 때 잔류농약을 없애려면 어떻게 해야 하나요?

A 포도를 먹기 전에 물에 숯가루를 약간 풀어 넣고 포도를 20~30분 동안 담가 두었다가 흐르는 물에 3~4회 씻어 먹으면 됩니다.

Q 포도는 그냥 먹는 맛도 그만이지만, 잼으로 먹으려면 어떻게 만들어야 하나요?

A 포도는 잼을 만들어 놓으면 사시사철 그 맛을 즐길 수 있는데, 우선 포도는 알맹이를 빼고 껍질만 따로 모아 동량의 물을 넣어 20분쯤 끓이면 천연색소가 곱게 우러나와요. 그 물을 포도 과육과 섞어 설탕(포도 무게의 70%)을 넣고 끓이면서 은근히 조려주면 색깔도 곱고 맛있는 잼을 만들 수 있어요. 잼을 만들 때 레몬즙을 조금 넣어주면 응고력도 좋고 색도 안정화시켜 맑은 자주빛의 잼을 만들 수 있습니다.

포도 구입 및 감별법

포도는 줄기가 파랗고 알맹이가 꽉 차서 터질 듯 한 싱싱한 것을 고른다. 포도송이는 위쪽이 단맛이 강하고 아래쪽으로 내려갈수록 신맛이 강하기 때문에 시식을 해서 구입할 경우에는 가장 아래쪽을 먹어 보는 것이 좋다. 특히 포도의 알맹이 표면에 가루를 뿌린 것처럼 하얗게 되는 경우가 있는데, 이것은 농약이 아니라 포도의 당분이 껍질로 새어 나와 굳은 것이기 때문에 더 달다.
포도의 무게가 무겁고 냄새가 향긋하게 나는 것이 좋고 다소 비싸더라도 봉지로 싼 포도가 질이 좋으므로 한 송이씩 포장한 포도를 구입하는 것이 좋다.

국민들이 즐겨먹는 생선

민 어

민어의 역사 및 유래는?

민어는 농어목 민어과에 속하는 난류성 물고기로, 민어과에서 가장 큰 물고기다. 예로부터 민어는 우리 국민이 즐겨먹는 서민적인 물고기로 '민초들의 물고기'라 해서 민어(民魚)라는 이름이 붙었다고 한다. 정약전의 「자산어보(玆山魚譜)」에는 민어를 면어(鮸魚)라고 하고 그 속명을 민어(民魚)라고 하였다. 맛은 담백하면서도 달아서 날것으로 먹거나 익혀먹으나 다 좋다고 하였다. 「증보산림경제(增補山林經濟)」에서는 민어를 회어(鮰魚)라 하여 탕이나 구이, 적이 다 맛이 있으며, 살로는 회를 하거나 소금 간을 해서 말리면 좋고 알도 소금을 뿌려 먹으면 좋다고 하였다. 민어는 이름에서처럼 대중적인 생선으로 그 맛과 영양이 좋아 다양한 종류로 조리해서 먹어왔다.

민어에 들어있는 영양소는?

종류	열량 (kcal)	수분 (%)	단백질 (g)	지질 (g)	탄수화물		회분 (g)	무기질 K (mg)	비타민 A (R.E)
					당질(g)	섬유(g)			
민어	104.0	77.7	18.0	3.0	0.0	0.0	1.3	299.0	26.0

민어의 영양성분표 (100g 당)〈한국영양학회 제7차 개정판〉

민어는 다른 흰 살 생선과 마찬가지로 체내 지방이 적고 단백질 함량이 풍부해서 맛이 담백하고, 비타민 A, B 등 영양소도 풍부하여 노약자 또는 병후 회복에 좋은 것으로 알려져 있다. 민어는 칼륨의 함량이 높아 조기의 4배나 된다. 민어의 지방은 양이 알맞고 질이 좋아 기름진 물고기를 좋아하지 않는 사람도 맛있게 먹을 수 있다. 민어는 양질의 아미노산을 다량 함유하고 있으며, 물고기 중에서도 소화흡수가 빨라 성장기 어린이, 노인, 환자들의 건강회복에 특효가 있는 것으로 알려져 있다.

민어를 이용한 조리 및 음식은?

민어매운탕 : 민어를 손질하여 5cm정도로 자르고, 고추장과 물을 넣어 끓으면 민어를 넣고 애호박, 청홍고추, 파, 마늘을 넣어 간을 한다.

어만두 : 민어는 손질하여 얇게 포를 뜨고 소금 간을 한다. 쇠고기, 숙주, 오이, 표고버섯, 석이버섯 등을 채 썰고 양념하여 소를 만든다. 민어포에 녹말을 뿌리고 소를 넣어 감싼 뒤 김 오른 찜 솥에 찐다.

어선 : 민어는 얇게 포를 떠서 소금, 후추가루를 뿌린다. 쇠고기, 표고버섯, 당근, 미나리, 황백지단은 채 썰어 볶는다. 김발 위에 민어포를 깔고 재료를 색 맞추어 길게 놓고 김밥처럼 말아 찜통에 찐다.

민어감정 : 채 썬 쇠고기와 도톰하게 썬 무를 냄비에 볶다가 물을 붓고 고추장을 되직하게 풀어 끓인다. 민어를 넣고 파, 마늘, 미나리를 넣어 끓인다.

◀ 어선

Q & A

Q 여름철 민어는 옛날 양반집 보양식이란 얘기가 있는데, 그만큼 귀한 것인가요?

A 민어는 여름철 생선으로 그 맛이 담백하고 비린내가 적은 고급생선으로 살이 많이 오르는 6월에 가장 맛이 있어요. 맛이 깨끗하고 잡 냄새가 거의 없어 인기가 좋으나, 어획량이 적어요. 예로부터 남도지방에서 복더위는 '민어 철'로 불리어 왔을 만큼 민어는 예로부터 '복달임'의 으뜸 음식이었어요. 삼복더위에 민어찜은 일품, 도미찜은 이품, 보신탕은 삼품이었다고 하는 말이 있을 정도로, 민어가 귀한 생선이었습니다.

Q 민어는 버릴 게 없다고 하는데, 알과 부레는 어디에 쓰이나요?

A 민어는 숭어의 알 다음으로 좋은 어란으로 알려져 있어요. 민어알을 소금에 절인 것을 어란이라고 하는데 생선에서 알을 꺼내는 즉시 알이 보이지 않을 정도로 소금에 파묻고 3일간 절여 빳빳하고 단단하게 만들어요. 아침 일찍이 알을 꺼내어 네 시간 가량 물에 담갔다가 채반에 말리고 다시 깨끗한 물에 한 시간 담갔다가 말리면 기름이 자연적으로 흐르고 윤기나는 어란이 됩니다.
민어의 부레는 꽤 비싼 편이며 잘게 썰어서 볶으면 진주 같은 구슬이 되는데 이것을 아교라 하여 보약의 재료로 사용하지요. 부레는 교질 단백질인 젤라틴이 주성분이고 콘드로이틴도 많은데 이들은 노화를 예방하고 피부에 탄력을 주기도 합니다.

Q 유독 회 중에서 민어회가 맛있다고 하는 이유가 있나요?

A 자산어보에서 "고기 맛이 달다 …"고 했는데 이는 민어를 먹어보면 민어 맛이 다른 고기에 비해 달고 부드러우며 고소해요. 따라서 회를 좋아하지 않는 사람들도 맛을 즐길 수 있어요. 민어를 회로 먹을 때는 살, 부레, 껍질, 다진 뼈 등 20여 가지 부위로 나뉘어 상에 오르는데 가히 생선 가운데 으뜸이요, 회 가운데 일품이라고 할 수 있지요. 껍질은 살짝 데쳐서 기름장에 찍어 먹고, 고소한 부레도 소금을 찍어 먹습니다.

夏

Q 암치포는 어떤 것을 말하나요?

A 암민어의 내장을 빼고 배를 갈라서 소금 뿌려 말린 것을 암치라 하는데 먹을 때는 물에 불려 소금 간을 빼고 부드럽게 하여 참기름을 발라 석쇠에 구워서 보푸라기를 만들어 먹습니다. 보관이 어려웠던 예전에는 오래두고 먹을 수 있도록 말려서 오래 보관하는 방법이 발달되어 생선뿐 아니라 말고기, 쇠고기를 말려서 먹었습니다.

Q 민어는 지방마다 다양하게 불린다고 하는데, 그 이름에는 어떤 것이 있나요?

A 민어는 많이 즐겨먹는 생선인 만큼 이름도 다양하게 불리었어요. 전남 지방에서는 민어 큰 놈을 '개우치'라 하고, 전남 법성포에서는 몸길이가 30cm 안팎인 놈을 '홍치', 완도에서는 작은 민어를 '불둥거리'라 하고, 서울과 인천 상인들은 두 뼘이 채 안 되는 놈을 '보구치', 두 뼘 반쯤 되는 놈을 가리, 세 뼘 안팎인 놈을 '어스래기', 세 뼘 반인 놈을 '상민어', 네 뼘이 넘는 놈을 '민어'라고 다양하게 부른답니다.

민어 구입 및 감별법

몸 빛깔은 회색을 띤 흑색으로 등 쪽 부분이 짙으며, 배 부분은 연한 편이다. 각 지느러미는 암갈색이면서 입안은 회색 또는 회흑색이다. 몸은 약간 길고 입은 큰 편이며 윗턱이 아래턱보다 약간 길며, 양턱에는 크고 단단한 송곳니가 2줄 이상 배열되어 있다. 등지느러미는 기저에서 $\frac{1}{2}$ ~$\frac{1}{3}$위로 작은 비늘로 덮여있고 아래턱 봉합부에는 4개의 아주 작은 점액구멍이 있다.
국내산은 몸의 폭이 낮고 등의 색이 짙지만, 수입산은 몸의 폭이 높고 등의 색이 연하다. 국내산은 배가 연한 회색이지만 수입산은 흰색이다.

강렬한 힘의 원천
장어

장어의 역사 및 유래는?

장어는 경골어류 뱀장어목 뱀장어과에 속하며, 몸이 길다는 뜻에서 '장어(長魚)'라고 하였다. 「자산어보(玆山魚譜, 1814년)」에는 장어를 해만려(海鰻鱺)라고 소개하였는데 장어는 배가 희므로 백선(白鱓)·만려어(鰻鱺魚)라 하였다. 허준의 「동의보감(東醫寶鑑)」에는 '해만(海鰻)'이란 이름으로 "악창과 옴, 누창을 치료하는데, 효능은 뱀장어와 같다"고 기록되어 있다.
장어는 '풍천장어'라고 불려서 장어의 고향을 풍천(風川)으로 아는 사람들이 많은데, 풍천은 지명이 아니다. 풍천 장어는 자연산 장어가 바닷물과 함께 바람을 몰고 들어온다고 해서 바람 풍(風), 내 천(川)이란 글자를 써서 '풍천장어'라고 하며 풍천에 사는 민물장어라는 뜻이다.

장어에 들어있는 영양소는?

종류	열량(kcal)	수분(%)	단백질(g)	지질(g)	탄수화물		회분(g)	비타민
					당질(g)	섬유(g)		A (R.E)
장어	223.0	67.1	14.4	17.1	0.3	0.0	1.1	105.0

장어의 영양성분표 (100g 당)<한국영양학회 제7차 개정판>

　　　　장어는 단백질과 지방이 풍부한 고(高)지방, 고(高)칼로리 식품이다. 장어는 지질 성분 중 불포화지방산의 양이 많아 원기회복에 좋다. 장어에는 비타민 A가 많이 들어있어 야맹증을 예방하고 몸의 저항력을 길러준다. 장어에 있는 비타민 A는 쇠고기의 120배 정도이고 다른 생선에 비해 50배 정도에 이른다. 장어에는 비타민 E도 풍부하여 체내에서 불포화 지방산의 산화작용을 억제하고, 모세혈관을 강화시켜 주고 피부가 거칠어지는 것을 막아주어 노화방지에도 효과가 크다. 장어는 정력을 돋우고 허약한 체질을 보하는 훌륭한 식품으로 알려져 있다.

장어를 이용한 조리 및 음식은?

장어구이 : 장어를 애벌구이 한 다음 간장양념장을 2~3회 정도 발라가며 석쇠나 그릴에 굽는다.

장어보양탕 : 냄비에 참기름, 장어를 넣고 볶다가 물을 붓고 푹 끓여 체에 거른다. 장어 거른 살에 물을 붓고 된장과 마늘, 생강을 넣고 불린 토란대, 우거지, 숙주, 대파를 넣고 간을 한 다음 더 끓인다.

사천풍장어볶음 : 장어를 적당한 크기로 썰어 튀겨내고 표고버섯, 셀러리, 양파, 붉은고추 등 여러 가지 채소들을 굵게 채 썬다. 냄비에 기름을 두르고 채소를 볶다가 튀겨낸 장어를 넣고 살짝 볶아 굴소스, 참기름으로 간한다.

장어죽 : 장어는 손질하여 물을 붓고 끓이다가 파, 마늘, 생강을 넣고 끓여 체에 살만 거른다. 냄비에 참기름을 넣고 불린 쌀을 볶다가 물을 붓고 쌀알이 퍼지도록 끓인다. 장어살 거른 것을 넣고 더 끓인다.

장어구이 ▶

Q&A

Q 장어 꼬리가 인기가 많은데 특별히 영양가가 많은가요?

A 장어 꼬리부분은 지방이 풍부하고 비타민 A도 다량 포함되어 있어요. 장어에 들어 있는 불포화지방산은 영양학적으로 쇠기름이나 돼지기름과는 성격이 달라 모세혈관을 튼튼하게 해주며 몸의 생기를 왕성하게 해주는 작용을 갖고 있습니다.

Q 장어는 어떤 음식과 먹으면 좋은가요?

A 생강은 소화액의 분비를 자극하고 위장의 운동을 촉진하는 성분이 있어 함께 먹으면 소화흡수를 도울뿐더러 장어의 비린내도 없애주는 기능을 하지요. 또한 생강은 살균, 항균작용이 있어 장어를 먹을 때 식중독 예방효과도 커서 장어와 생강은 함께 먹는 것이 좋습니다.

Q 장어를 먹고 복숭아를 먹으면 좋지 않다고 하는데 왜 그런가요?

A 장어를 먹고 복숭아를 먹으면 설사를 하기가 쉬운데 이는, 장어의 지방이 당질이나 단백질에 비해 위에 머무는 시간이 길고 소장에서 소화효소인 리파아제의 작용을 받아야 소화되기 때문이에요. 그러나 복숭아에 있는 새콤한 유기산은 장에서 잘게 쪼개져서 장에 자극을 주어 지방이 소화되는 것을 방해하므로 자칫 설사를 일으키기 쉬워서 장어를 먹고나서 먹으면 좋지 않습니다.

夏

Q 장어도 잘못 손질하면 비릿한 냄새가 많이 나는데, 냄새 없애는 방법이 있을까요?

A 장어 손질법은 산 장어를 비닐봉지에 넣고 소금으로 해감과 점액을 제거한다음 깨끗이 씻어서 길이로 반을 갈라 내장과 뼈, 머리, 지느러미를 제거해요. 장어 비린내 없애는 방법은 조리 시 술이나 산초가루를 넣으면 비린내를 없앨 수 있어요. 먹기 전에 장어에 레몬즙이나 식초를 뿌려도 비린내가 사라집니다.

Q 장어구이는 양념이 가장 중요할 것 같은데요, 맛을 내는 특별한 비법은 무엇인가요?

A 장어를 손질하여 살을 편 후 물로 씻으면 구이를 할 때 살이 풀어져 쫄깃한 맛이 없어지므로 핏기를 타월로 말끔히 닦아내요. 구이용으로 손질하고 남은 장어의 뼈와 머리를 체에 담고 소금을 뿌려 두었다가 뜨거운 물을 끼얹어 비린내를 없앤 후, 뼈가 녹을 정도로 2시간쯤 끓여 1/2컵 정도 되게 끓여 육수로 사용하는데 이 육수에 양념장을 혼합하면 맛있어요. 육수에 간장과 흑설탕, 조미 술, 정종, 생강을 넣고 걸쭉한 농도가 되도록 졸이면 맛있는 양념이 됩니다.

장어 구입 및 감별법

국내산은 몸이 푸른 빛 나는 담홍색인데, 수입산은 짙은 갈색 바탕에 검은 색을 띤다. 국내산은 배가 은백색이고 몸이 가늘고 긴데 반해, 수입산은 배가 담황색이며 몸이 통통하고 길다. 꼬리 끝을 살펴보면 국내산은 끝이 뾰족하고 수입산은 둥글다. 장어는 빛깔이 진하고 윤기가 있으며 눈이 맑고 투명한 것이 맞있다. 특히 몸 전체의 빛깔 중 진한 회흑색과 다갈색을 같이 띤 것이 맛이 있다.

타우린의 힘
오징어

오징어의 역사 및 유래는?

　　　　오징어는 오징어과에 속하는 연체동물로 먹물을 가지고 있어서 '묵어' 까마귀의 적이라는 뜻에서 '오적어(烏賊魚)'로 부르기도 한다. '오적어'라고 불리는 유래에 대해서는 여러 가지 설이 있는데 「자산어보(玆山魚譜)」에 의하면 오징어가 죽은 척하면서 바다위에 둥둥 떠 있다가 날아가던 까마귀가 죽은 줄 알고 쪼려고 할 때 발로 감아 잡아먹는다고 해서 생긴 말이라고 하며, 「규합총서(閨閤叢書)」에서는 오징어가 물위에 떠 있다가 까마귀를 보면 죽기 때문이라고 한다. 또 다른 설에 의하면 오징어가 까마귀의 검은색을 훔쳐간 도적으로 생각하고 까마귀가 공격하면 오징어가 먹물을 뿜으면서 도망을 가서 생겼다고 한다.

오징어에 들어있는 영양소는?

종류	열량(kcal)	수분(%)	단백질(g)	지질(g)	탄수화물		회분(g)	타우린(mg)
					당질(g)	섬유(g)		
오징어	87.0	79.0	18.2	1.0	0.1	0.0	1.7	327

오징어의 영양성분표 (100g 당)<한국영양학회 제7차 개정판>

 오징어는 단백질이 풍부한 식품으로 말린 오징어(71.4g)는 쇠고기(21g)에 비해 단백질이 3배 이상 들어 있으면 단백가도 86으로 매우 우수하다. 특히 쌀에 부족한 라이신(lysine), 트레오닌(threonine), 트립토판(tryptophan)같은 필수아미노산이 많아 밥과 같은 먹으면 좋다.
 마른 오징어 표면에 보이는 하얀 가루가 타우린인데, 타우린은 오징어에 많은 콜레스테롤을 담즙산으로 합성시켜 그 일부를 제거하기 때문에 콜레스테롤 걱정없이 먹어도 된다. 또한 타우린은 심장을 보호하고 항산화 작용을 통해 노화와 성인병을 예방하는 효과도 발휘한다. 생오징어의 타우린 함량은 327~854mg로 생선의 2~3배, 육류의 25~66배로 다른 식품에 비해 월등하게 높다.

오징어를 이용한 조리 및 음식은?

오징어젓 : 생 오징어는 손질하여 소금을 뿌려 6시간 정도 두었다가 채 썰어 액젓국물에 절인다. 무는 길이 4cm 정도의 굵은 채로 썰어 소금으로 절여 꼭 짠 다음 고운 고춧가루, 다진 파, 마늘, 생강, 소금 등의 양념장으로 무쳐 서늘한 곳에 두었다가 일주일 후에 먹는다.

오징어물회 : 오징어를 잘게 썰어 새콤달콤한 초고추장 소스에 배, 오이를 넣고 섞는다.

오징어순대 : 작은 물오징어를 선택하여 내장을 뺀 후 다리는 잘게 썰고 두부와 숙주 등의 채소에 갖은 양념을 하여 오징어의 몸통 속에 채워 김 오른 찜솥에 찐다.

오징어불고기 : 오징어를 손질하여 껍질을 벗기고 안쪽에 칼집을 넣고 한 입 크기로 썰어 고추장, 고춧가루, 간장, 청주, 설탕, 다진 파, 다진 마늘, 다진 생강 등을 양념하여 숯불이나 팬에 굽는다. 미나리와 고추, 삶은 콩나물 등을 넣어 같이 볶기도 한다.

오징어불고기 ▶

Q&A

Q 요즘 오징어 먹물을 이용한 음식이 많이 있는데 오징어 먹물이 어디에 좋은가요?

A 최근 오징어 먹물이 항암물질을 포함하고 있는 것으로 밝혀지면서 먹물을 이용한 음식이 등장하기 시작했는데, 먹물은 검은 액체인 멜라닌 색소로서 먹물을 분리하면 일렉신 등의 뮤코다당류가 포함되어 있어 항암효과, 방부작용, 위액분비 촉진작용을 돕기도 해요. 또한 칼슘도 많고 정력에 좋은 아연도 풍부하지요. 어촌에서는 먹물을 치질치료에 이용하기도 합니다.

Q 오징어하면 영화 볼 때나 맥주 한잔 할 때, 우리에게 사랑받는 안주감인데 오징어에 콜레스테롤이 많다고 해서, 먹기에 조금 조심스럽다는 분도 계시는데 우리 몸에 해로운가요?

A 오징어에 있는 콜레스테롤인 HDL은 혈액을 타고 온몸을 돌아다니면서 세포내 있는 콜레스테롤을 간으로 이동시키는 역할을 해요. 간은 특히 HDL로부터 지방의 흡수를 돕는 담즙산이란 물질을 형성하기 때문에 매일 먹는 것이 아니면 걱정할 필요가 없습니다.

Q 오징어와 궁합이 좋은 것은 어떤 것이 있는지요?

A 오징어와 궁합이 좋은 것으로는 땅콩, 채소류를 들 수 있는데, 땅콩에 있는 많은 불포화지방산이 오징어의 콜레스테롤 수치를 낮추어 주는 역할을 해요. 또한 알칼리성인 채소를 산성식품인 오징어와 곁들여 먹으면 음식 맛 뿐 만이 아니라 건강에도 도움이 됩니다.

夏

Q 서양에서도 오징어를 먹나요?

A 쫄깃쫄깃한 것을 씹기 좋아하는 우리는 예로부터 오징어를 즐겨 먹었지만, 오징어, 문어를 즐기는 서양인은 극히 드물어요. 이탈리아, 스페인 등 지중해 연안 주민들이 오징어를 먹지만 정력과 간장 보호에 좋다는 갑오징어의 먹물을 '약'으로 먹는 정도이지요.

Q 오징어 껍질을 쉽게 벗기는 법이 있나요?

A 오징어는 껍질째 요리해도 상관없지만 약간 질겨지고 맛이 쉽게 배지 않는 것이 단점이에요. 오징어 껍질은 미끈미끈해서 깨끗이 벗겨내기가 여간 힘든 게 아닌데, 껍질을 벗길 때 소금을 묻혀가면서 벗기거나 마른 행주로 살살 밀면서 벗기면 잘 벗겨집니다.

오징어 구입 및 감별법

오징어는 표면이 투명하고 광택이 있으며 눌렀을 때 탄력이 있는 것이 좋다. 몸통이 초콜릿색을 띨수록 신선하며 냉동 오징어는 녹지 않은 상태의 것을 고른다. 마른 오징어는 짧은 다리 여덟 개의 굵기가 대체로 균일하고 흡판이 동글동글 살아 있는 것이 건조가 잘 된 것이다. 울릉도 오징어는 두껍고 짧은 다리가 바짝 위로 올라붙어 있는 것이 상품이다.

바다의 채소
다시마

다시마의 역사 및 유래는?

다시마는 갈조식물로 곤포(昆布), 해태(海苔)라고도 하며 지구상 '최초의 풀'이라 하여 '초초(初草)'라고도 부른다. 우리나라, 중국, 일본에서 오래전부터 식용되어 왔는데, 「고려도경(高麗圖經)」에서는 다시마를 '귀천을 막론하고 모두 즐기고 입맛을 돋우지만 냄새가 비리고 맛이 짜므로 오래 먹을 것은 못 된다'고 기록된 것으로 보아 이미 삼국시대부터 다시마를 이용해 온 것으로 보인다. 중국을 통일했던 진시황제는 불로장생을 꿈꾸며 사신에게 한반도 제주도에 가서 불로초를 구해 오라고 했는데 이 때 구해온 불로초가 다시마라는 기록이 있다.

夏

다시마에 들어있는 영양소는?

종류	열량 (kcal)	수분 (%)	단백질 (g)	지질 (g)	탄수화물		회분 (g)	무기질 Ca (mg)	비타민		
					당질 (g)	섬유 (g)			A (R.E)	B_1 (mg)	B_2 (mg)
다시마(생것)	19.0	91.0	1.1	0.2	3.6	3.18	3.5	103.0	129.0	0.03	0.13
다시마(말린것)	189	12.3	7.4	1.1	41.1	29.3	34.0	708.0	96.0	0.22	0.45

다시마의 영양성분표 (100g 당)〈한국영양학회 제7차 개정판〉

　　　　다시마는 식이섬유, 비타민, 무기질이 풍부하고 칼로리는 낮아 성인병 예방에 좋다. 다시마의 끈적이는 성분인 알긴산(Alginic acid)은 일종의 수용성 섬유질로 우리 인체에 들어가서 물을 흡수할 경우 200배까지 부풀어 오르기 때문에 변의 양이 많아지고 장을 자극해서 몸 속 청소부 역할을 한다. 또한 발암물질을 흡착하여 대장암을 예방한다.
　다시마는 해조류 중 요오드 함량이 가장 많은데 요오드는 갑상선 호르몬인 티록신을 만드는 성분으로 신진대사를 활발하게 하고 만성피로를 예방한다. 다시마는 우유보다도 칼슘이 많으므로 성장기 어린이뿐만 아니라 갱년기 여성의 골다공증 예방에도 효과가 뛰어나다.

다시마를 이용한 조리 및 음식은?

다시마말이찜 : 염장 다시마를 손질하여 넓게 편 다음 밀가루를 뿌리고 다진 고기에 으깬 두부, 소금, 후추, 마늘, 깨소금, 참기름으로 양념하여 소를 넣고 말아 밀가루를 묻혀 찜통에 찐 다음 1.5cm 두께로 썰어낸다.

다시마부각 : 다시마에 찹쌀 풀을 발라 채반에 말린다. 다시마를 식용유에 바싹 튀겨 소금, 설탕을 뿌린다.

다시마장아찌 : 다시마를 살짝 불려 습습한 간장을 부어 두었다가 3일 후에 간장물만 따라 끓여 붓고 다시 3일 후에 간장물만 따라 다시 끓여 부었다가 1주일 후에 먹는다.

다시마수제비 : 말린 다시마 80g을 분쇄기에 곱게 갈아 밀가루 4컵, 물, 참기름을 넣고 반죽하여 냉장고에 1시간 정도 숙성시킨다. 다시마, 멸치로 국물을 내어 감자, 호박을 썰어 넣고 청장으로 간을 한 다음 다시마수제비를 한 입 크기로 떼어 넣는다.

다시마부각 ▶

Q & A

Q 다시마로도 다이어트를 할 수 있다고 하던데, 어떤 성분 때문에 가능한가요?

A 다시마는 칼로리가 거의 없고 각종 미네랄이 풍부하여 다이어트 식품으로도 좋아요. 생 다시마 100g당 열량은 쌀밥의 1/7밖에 되지 않을 정도로 칼로리가 낮고 섬유소가 풍부하여 장내에 오래 머물러 있어서 포만감을 주지요. 적절한 운동과 병행하여 꾸준히 적당량의 다시마를 섭취하면 다이어트에 도움을 줍니다.

Q 다시마는 노화를 방지한다고 하는데 정말 그런 역할을 하나요?

A 다시마는 비타민 C가 풍부하게 들어 있어 신진대사를 좋게 하고 피를 맑게 하며 피부를 매끄럽게 합니다. 또한 요오드가 많아 세포기능을 활성화하여 노화를 예방하는 역할을 합니다.

Q 다시마가 여성에게도 좋다고 하는데 어떤 효능이 있나요?

A 다시마는 변비를 예방하고 갑상선호르몬을 생성시켜 갑상선 질환을 예방해요. 또한 칼슘이 풍부해 뼈를 튼튼하게 하고 골다공증을 예방하는 역할을 하지요. 갑상선이나 골다공증은 여성에게 많이 나타나는 증상으로 다시마는 여성에게 매우 좋은 식품입니다.

Q 다시마는 미역처럼 국으로 끓여먹지 않는 이유가 있는지요?

A 다시마의 미끈거리는 점액질은 알긴산이라는 수용성 식물섬유로 점액선으로 분비되는데, 미역과 달리 다시마는 그 함량이 훨씬 높아 너무 오래 끓이면 끈끈한 점액질이 녹아나므로 국으로 끓여먹지 않습니다.

Q 다시마를 이용한 전통음식으로는 어떤 것이 있나요?

A 우리나라 전통 죽상에 차려지는 밑반찬으로 '매듭자반(다시마튀각)'이 있는데 빙허각 이씨가 지은 1815년 「규합총서(閨閤叢書)」에 만드는 법이 실려 있습니다. 매듭자반은 다시마튀각이라 불리는데 다시마를 행주로 문질러 닦아 폭 1cm, 길이 10cm 로 잘라 리본을 매고 매듭에 잣을 꽂아요. 기름을 달구어 잘말린 매듭자반을 넣고 재빨리 튀겨내서 기름기를 제거하여 보송보송해지면 뜨거울 때 설탕을 뿌리면 바삭한 매듭자반이 됩니다.

다시마 구입 및 감별법

다시마는 빛깔이 검고 흑색에 약간 녹갈색을 띈 것이 좋다. 한 장씩 반듯하게 겹쳐서 말린 것으로 잘 말라 빳빳하며 두꺼울수록 질이 좋은 것이다. 만니트(mannit)가루가 하얗게 앉은 것이 질이 좋으며 빛깔이 붉게 변한 것이나 잔주름이 간 것은 좋지 않은 것으로 취급된다. 건조다시마는 1년 내내 손쉽게 구할 수 있는데 습기를 주의하여 눅눅한 곳은 피해야 하며 작은 크기로 잘라 밀폐된 병에 담아두는 것이 편리하다.

가을에는 더위가 물러가면서 일교차가 갑자기 많아지고 습도는 건조해지는 등 많은 기상변화가 생긴다. 한여름 왕성하게 활동했던 식물들은 잎을 떨어뜨리고, 동물들은 겨울 추위에 대비하기 위해 피하지방이 증가하며 체중이 늘기 쉽다. 가을철을 건강하게 보내려면 여름 더위에 지쳐있는 체력을 회복시켜주는 일이 무엇보다 중요하다. 특히 저항력이 약한 사람들은 폐의 기능이 약화되어 기후변화에 적응하기가 어려워지고 감기를 비롯한 호흡기 질환도 많이 발생한다.

이 때 우리 몸을 보호해주는 식품으로는 섬유소가 풍부하고 칼로리가 낮은 뿌리채소로 무, 더덕, 우엉 등이 있다. 또한 풍성한 과실에는 비타민C가 많아 감기를 예방해 주며 당분과 유기산이 많아 피로를 회복시켜주고 정장작용을 하기도 한다.
가을철의 과실로는 사과, 배, 감, 대추 등이 권할만하다. 또한 중국인들이 불로장수(不老長壽)의 영약(靈藥)으로 이용하여 왔던 버섯은 당질이 적고 수분이 많고 지방함량이 적기 때문에 현대인들에게는 좋은 식품이다.
가을철은 흔히 결실의 계절이라고도 한다. 우리의 밥상에 오르는 가을 음식은 한 해 동안 농사로 지은 갖가지 오곡백과와 여러 가지 생선이 모두 맛이 있을 때이다. 이러한 식품을 잘 이용하면 체력회복을 돕는 좋은 보양식이 될 수 있다.

사·계·절·제·맛·내·는·식·재·료

알고 먹으면 좋은
우리 식재료

가을

가을에 먹어야 제맛이 살고 몸에 약이 되는 음식!

더덕·무·우엉·사과·배·감·대추·버섯·닭고기·고등어·꽁치·전어·전복·새우·낙지

기관지의 보약

더덕

더덕의 역사 및 유래는?

더덕은 쌍떡잎식물 초롱꽃과의 여러살이 덩굴식물로 뿌리를 식용한다. 뿌리 전체에 혹이 많아 마치 두꺼비 잔등처럼 더덕더덕 하다고 해서 '더덕'이라고 하는데, 인삼과 비슷하게 생겨서 '사삼(沙蔘)', 하얀 젖 같은 진액이 나오기 때문에 '양의 젖 같은 풀'이라 해서 '양유(羊乳)'라고도 한다.

우리나라, 중국, 일본, 대만 등에 널리 분포되었는데 우리나라에서는 강원도와 경상북도에서 많이 난다. 더덕은 섬유질이 풍부하고, 탄탄한 줄기의 씹히는 맛과 양념 맛은 '산에서 나는 고기'에 비유된다. 「고려도경(高麗圖經)」에 "고려의 더덕나물이 부드럽고 맛이 있다."라는 기록으로 보아 오랜 옛날부터 먹어온 것으로 보인다.

더덕에 들어있는 영양소는?

종류	열량(kcal)	수분(%)	단백질(g)	지질(g)	탄수화물		회분(g)
					당질(g)	섬유(g)	
더덕	55.0	82.9	3.8	0.3	10.8	1.5	0.7

더덕의 영양성분표 (100g 당)<한국영양학회 제7차 개정판>

　　　　더덕에는 사포닌과 인, 비타민, 단백질, 칼슘, 칼륨, 당류 등 많은 성분들이 함유되어 있다. 특히 더덕에는 섬유질이 풍부해서 장내의 정장작용을 촉진시켜 배변을 좋게 하고, 혈장 콜레스테롤의 수준을 낮추고, 혈당을 저하시키며, 수은이나 카드뮴과 같은 중금속 무기물과 결합하여 체외로 배출시킨다. 더덕은 사포닌, 이눌린 등의 특수 성분으로 폐와 신장을 보호하는데, 예로부터 한방에서도 폐 기능을 향상시키는 '기관지의 보약'이라 하여 한약재로도 널리 이용하였다.

더덕을 이용한 조리 및 음식은?

더덕생채 : 더덕을 채 썰어 소금물에 담갔다가 물기를 제거하고 가늘게 찢어 고추장양념을 넣어 새콤달콤하게 무친다.

더덕산적 : 더덕을 소금물에 담그어 방망이로 두드려 펴고, 쇠고기는 간장 양념장에 버무린다. 꼬지에 더덕과 쇠고기를 번갈아 가며 끼우고 후라이팬에 지져 낸다.

더덕간장장아찌 : 더덕 껍질을 벗기고 물에 우려 쓴맛을 제거하고 채반에 널어 꾸덕꾸덕 말린다. 더덕을 간장에 넣고 2~3일간 담가 두었다가 건져 낸 후 간장만 30분 정도 끓인다. 끓인 간장을 식혀 다시 더덕에 넣는 작업을 2회 정도 반복한다.

더덕강정 : 더덕 껍질을 벗기고 물에 넣어 쓴맛을 우려낸 후 소금을 약간 뿌리고 더덕에 찹쌀가루를 묻혀 150℃에서 두 번 튀겨 낸다. 더덕에 꿀을 바르고 대추채와 통깨를 뿌린다.

◀ 더덕생채

Q&A

Q 더덕은 산삼에 버금가는 뛰어난 약효가 있어서 사삼(沙蔘)이라 불리기도 하는데, 구체적으로 어떤 효능이 있나요?

A 더덕을 한방에서는 사삼(沙蔘)이라고 하는데, 그 이유는 더덕의 효능이 인삼과 비슷하기 때문이에요. 인삼처럼 사포닌이라는 성분을 가지고 있는 더덕은 허약해진 위를 튼튼하게 하고 순환기 질환의 치료로는 혈압을 내리는 효과도 크지요. 월경불순에도 효과가 있으며, 항피로작용이 있어서 더덕을 먹으면 피로를 느끼지 않아요. 또한 가래를 삭히는 작용을 하여 호흡기 질환에 감염되었을 때에도 좋습니다.

Q 더덕에 어떤 성분이 들어 있어서 정력에 좋은가요?

A 더덕에 들어 있는 사포닌 성분이 정력에 좋은데, 사포닌은 더덕을 잘랐을 때 하얗게 배어 나오는 진액으로 쓴맛을 내는 성분이에요. 특히 더덕 뿌리에 많이 들어 있어 정력을 높여 줍니다.

Q 더덕은 인삼과 같이 열이 많은 사람은 피해야 하는 건가요?

A 사포닌 성분이 많이 들어있는 인삼은 열이 많은 사람은 가능한 피해야 하는 식품이에요. 하지만 더덕은 인삼과는 달리 찬 기운을 지니고 있어서 열이 많은 사람에게 좋은 약재에요. 찬 기운이 있는 식품이라 몸이 차가운 사람들은 소화장애를 일으킬 수 있으니 조심해야 합니다.

秋

Q 더덕과 함께 먹으면 좋은 식품이 있나요?

A 더덕은 지방과 단백질이 부족해요. 그래서 불포화 지방산이 풍부한 검은깨와 더덕에 고추장 양념을 하여 구워 먹는 것도 궁합이 잘 맞습니다.

Q 더덕은 어떻게 손질을 하는 것이 좋은가요?

A 더덕은 껍질이 잘 안 벗겨지고 껍질을 벗기면 끈적거리는 진이 묻어 껍질을 벗기기가 어려워요. 손에 묻어도 2~3일정도 손톱 밑에 진이 묻어있지요. 더덕 껍질을 불에 살짝 구우면 껍질과 점액 사이의 조직의 변화가 생겨 껍질이 잘 벗겨져요. 과일칼로 사과 깎듯이 옆으로 돌리면서 깎으면, 점액이 손에 묻지 않고 깨끗하게 잘 손질할 수 있습니다.

더덕 구입 및 감별법

더덕은 누렇지 않고 흰색이며 굵기가 균일하고 크기가 비교적 큰 것이 좋다. 더덕은 향이 강한 것을 찾으면 좋은 더덕을 고르게 될 가능성이 높아진다. 더덕은 뿌리 식물이라 토질의 영향을 많이 받는 만큼 좋은 토양과 알맞은 기후조건 하에서 최소 3년 이상 자란 것이라야 좋은 향이 나온다.
너무 큰 것은 섬유질이 지나치게 많아 심처럼 박혀 있고 거름을 많이 썼을 가능성도 높아 더덕 고유의 맛을 얻기가 어려워 식품으로서의 가치가 떨어진다. 더덕은 비교적 큰 것이 좋다.

속병을 없애는 소화제

무

무의 역사 및 유래는?

무는 겨자과에 속하는 1년생 또는 월년생 초본으로 원산지는 코커서스 남부에서 그리스에 이르는 지중해 연안이다. 무는 6천년 전에 이집트에서 피라밋을 만들 때 동원된 노동자들에게 무를 먹였다는 기록이 있는 것으로 보아 역사가 오래된 것임을 알 수 있다.
우리나라를 비롯하여 중국, 일본 등의 동남아시아 지역에서는 무를 다양하게 조리하여 식용하였으나 그 밖의 지역에서는 발달하지 않았다. 우리나라는 중국을 통해 들어 왔는데, 옛부터 김치의 필수적인 채소로 널리 사용되어 친숙한 채소 중에 하나가 되었다.

무에 들어있는 영양소는?

종류	열량(kcal)	수분(%)	단백질(g)	지질(g)	탄수화물		회분(g)	비타민 C (mg)
					당질(g)	섬유(g)		
무, 조선무	18.0	94.3	0.8	0.1	3.8	2.54	0.40	15.0

무의 영양성분표 (100g 당)<한국영양학회 제7차 개정판>

무는 대부분이 수분이며, 비타민 C가 많아 겨울철 채소가 귀했던 시절에 중요한 비타민 C의 공급원으로 꼽혔다. 특히 무 껍질에는 무 속보다 비타민 C가 2.5배나 들어 있으므로 껍질을 깨끗이 씻어서 먹는 것이 좋다. 예로부터 무를 많이 먹으면 속병이 없다는 말이 있는데, 그 이유는 무 속에 전분 분해 효소인 디아스타제(diastase)를 함유하고 있어 생식하면 소화를 도와주기 때문이다. 따라서 떡이나 밥을 먹을 때 무와 같이 먹으면 좋다.

그밖에도 단백질인 라이신(lysine) 함량이 높아 곡류 단백질의 부족한 영양소를 보충할 수 있다. 또한 무는 오장의 나쁜 기를 다스려 몸을 가볍게 하고 고기와 생선의 독을 없애주며, 특히 한방에서는 무씨를 '래복자(萊葍子)'라 하여 진해거담제로 사용하고 호흡기 계통의 기침과 가래를 효과적으로 제거하는데 도움을 준다.

무를 이용한 조리 및 음식은?

무밥 : 쌀에 물을 붓고 밥을 짓다가 뜸이 들 때쯤 무채를 얹어 밥을 지어 양념장을 곁들인다.

무장아찌 볶음 : 무를 길이 5cm 정도의 나무젓가락 모양으로 썰어 간장에 절였다가 짠 다음 쇠고기, 미나리 등을 섞어 간장, 깨소금, 참기름을 넣고 볶는다.

무선 : 무에 깊숙이 칼집을 내고, 그 사이에 쇠고기와 표고버섯으로 양념한 소를 끼운 다음 육수나 채소 국물을 붓고 5분 정도 끓인다.

무시루떡 : 멥쌀가루에 곱게 채 썬 무를 넣고 고루 섞는다. 시루 밑부분에 팥고물을 깔고 쌀가루를 3cm 정도로 켜켜이 놓고 찐다.

◀ 무시루떡

Q&A

Q 한약을 먹을 때 무와 함께 먹으면 머리가 하얗게 된다고 어르신들께서 말씀하시는데 맞는 말인가요?

A 한약 중에 숙지황이 들어간 약을 먹을 때 무를 먹으면 머리가 희어진다는 말이 있어요. 무우밭에 숙지황이 자라지 못하는 것을 보고 옛사람들이 금기해야 한다고 이야기를 한 것인데, 이는 무의 차가운 성질이 숙지황의 보혈작용을 파괴하기 때문이에요. 하지만 시어진 무김치나 열에 익힌 무는 한약과 함께 먹어도 상관이 없습니다.

Q 무로 김치를 담글 때 어떤 무로 해야 하는지 궁금해요?

A 동치미용으로는 동글동글하고 작은 성호원종이 좋고 깍두기용으로는 밑이 둥글게 퍼지고 단단한 것이 좋아요. 김장용으로는 재래종 서울무가 저장성이 좋아 많이 이용됩니다. 단무지용은 몸이 길쭉하고 연한 궁중이 좋아요. 계절에 따라 분류할 때 봄이나 여름에 나는 무는 비교적 매운 반면 가을 무는 굵고 수분이 많으며 달콤합니다.

Q 무를 잘 보관하는 법이 궁금해요?

A 무는 구입한 즉시 잎을 잘라 내야 영양분 손실을 막을 수 있는데, 무 잎을 자를 때는 푸른 부분이 조금 남아 있게 자르는 것이 무의 수분증발을 막을 수 있어요. 무를 씻어 물기를 없애고 신문지에 싸 두면 오래 보관할 수 있습니다.

Q 오이와 무를 같이 넣고 김치를 하면 괜찮을까요?

A 오이에는 비타민 C가 들어 있는데 자르면 오이 세포에 들어 있는 아스코르비나제(ascorbinase)라는 효소가 나와요. 이것은 비타민 C를 파괴하는 효소로 무 속에 들어있는 비타민 C가 파괴되어 버리지요. 흔히 무생채나 물김치를 만들 때 색깔이 흰 무와 잘 어울리고 맛도 있어 무심코 곁들이는 것이 오이인데, 오이와 무를 같이 넣고 김치를 하는 것은 잘못된 배합입니다.

Q 무는 크기가 커서 한번에 다 먹기가 어려워요. 부위별로 쓰는 용도가 다른가요?

A 무는 부위에 따라 단맛과 매운맛이 달라요. 위에 하얀 부분은 매운맛이 적고 단맛이 있어서 샐러드나 생채로 먹고요, 중간부분은 대체적으로 어디에나 사용하지만 조림을 할 때 좋아요. 뿌리 쪽의 파란 부분은 매운맛이 많아서 소금에 절여서 매운맛을 빼고 생채를 하거나 오래 끓이는 국으로 사용하면 좋습니다.

무 구입 및 감별법

무는 광택이 나며 몸매가 매끈하고 싱싱한 무청이 그대로 달려 있는 것이 좋다. 무청이 싱싱한 것이 무도 싱싱하고 맛이 있으며 수분도 많다. 무를 두들겨 보았을 때 단단하면서 꽉 찬 소리가 나며 형체가 바른 것이 좋다. 무는 진흙에서 자란 것이 같은 품종이라도 달고 맛이 있다. 뿌리와 잔뿌리가 발달한 것은 좋지 않고 몸에 조직이 발달하여 흰줄이 보이거나 중심부에 하얗게 파인 데가 있어도 좋지 않다.

당뇨병에 좋은 약초

우엉

우엉의 역사 및 유래는?

　　우엉은 국화과에 속하는 두해살이 풀로 주로 뿌리를 식용한다. 지중해 연안으로부터 서부아시아에 이르는 지대가 원산지로 유럽과 아시아 온대에서 널리 분포하고 있으나, 주로 우리나라, 중국, 일본 등지에서 식용하고 있다. 우엉은 우방(牛蒡)이라고도 하는데, 소도 먹을 수 있다 하여 우채(牛菜), 열매에 갓이 많아 나쁜 과실이란 뜻으로 악실(惡實)이라고도 한다. 오늘날에는 채소로 이용하고 있는데, 옛날 중국의 「본초학(本草學)」, 일본의 「본초화명」에 기록이 있는 것으로 보아 주로 약초로 사용한 것으로 보인다.

우엉에 들어있는 영양소는?

| 종류 | 열량(kcal) | 수분(%) | 단백질(g) | 지질(g) | 탄수화물 | | 회분(g) | 무기질 |
					당질(g)	섬유(g)		K (mg)
우엉(생것)	62.0	80.9	3.1	0.2	13.5	8.84	1.1	361.0

우엉의 영양성분표 (100g 당)<한국영양학회 제7차 개정판>

우엉은 당질과 칼륨, 마그네슘, 아연 등의 무기질이 높은 알칼리성 식품이다. 당질의 주성분은 당뇨병 환자와 신장이 안 좋은 사람에게 좋은 이눌린(inulin)으로 전체 당질의 50% 이상이다. 그 밖에 셀룰로오스(cellulose), 헤미셀룰로오스(hemicellulous) 등의 섬유질이 8.84g으로 당근 3.16g에 비해 많이 함유되어 있어 당뇨병, 변비, 대장암을 예방하고 발암물질이나 중금속을 배설하는 작용을 한다. "우엉을 먹으면 정력이 증진된다."라는 말이 있는데, 이는 단백질의 일종인 아르기닌(arginine) 성분 때문이다.

우엉을 이용한 조리 및 음식은?

우엉김치 : 우엉은 얄팍하게 썰어 소금물에 담가 절이고 찹쌀 풀을 쑤어 고춧가루, 멸치젓, 파, 마늘을 넣고 양념하여 우엉을 넣고 버무린다.

우엉찹쌀구이 : 우엉을 편으로 썰어 찜솥에 면보를 깔고 찐 후 고운 찹쌀가루를 입혀 팬에 기름을 두르고 지진다.

우엉잡채 : 곱게 채친 우엉은 식초물에 담그고 쇠고기채는 불고기 양념에 재우고 풋고추는 씨를 빼고 채를 썬다. 냄비에 기름을 두르고 쇠고기, 우엉, 풋고추를 따로 따로 볶아 깨소금과 참기름에 무친다.

우엉채무침 : 우엉은 껍질을 벗겨 채 썰어 끓는 물에 소금을 넣고 데친다. 고춧가루, 간장, 파, 마늘, 깨소금, 참기름을 넣고 양념장을 만들어 무친다.

우엉김치 ▶

Q&A

Q 우엉은 변비에 좋다고 하는데, 어떤 성분 때문인가요? 혹 다이어트에도 도움이 되나요?

A 우엉에는 식이섬유소가 풍부하여 배변을 촉진시켜 정장작용을 하며, 우엉의 올리고당 성분이 장의 연동운동을 활발하게 해 주어 변비를 완화시켜 줘요. 또한 우엉은 칼로리가 매우 낮고 다량의 섬유질을 함유하고 있어서 다이어트에도 좋은 식품입니다.

Q 우엉과 바지락을 함께 먹으면 좋지 않다고 하는데요. 왜 그런가요?

A 바지락은 철분이 많아 빈혈 예방효과가 있어요. 그러나 우엉에는 식물성 섬유질이 많아서 바지락의 철분 흡수율을 떨어뜨리기 때문에 같이 먹으면 영양학적으로 좋지 않아요. 따라서 국이나 볶음으로 만들어 먹을 때 바지락과 우엉은 함께 먹지 않는 것이 좋습니다.

Q 우엉을 맛있게 조리하는 방법은 무엇인가요?

A 우엉을 기름에 볶으면 단맛이 증가해서 맛있어요. 고기나 생선 요리에 조금만 넣어도 우엉 향이 잡냄새를 없애줘서 음식의 풍미를 더욱 좋게 하는 역할을 하지요. 우엉의 감칠맛은 껍질에 있기 때문에 손질할 때 표면을 가볍게 씻거나 칼등으로 살짝 긁어내야 감칠맛을 그대로 살릴 수 있습니다.

Q 우엉의 갈변현상을 막을 수 있는 방법이 있나요?

A 껍질을 벗긴 우엉을 공기 중에 노출시킬 경우 갈색으로 변하는데 이는 탄닌(tannin)계의 폴리페놀 화합물이 우엉에 함유되어 있어서 공기와 만나면 산화되기 때문이에요. 이럴 때는 우엉을 식초에 담그면 pH가 산성으로 내려가서 산화효소의 작용을 억제하여 갈변현상이 일어나지 않으면서도 탄닌이 식초에 녹아나와 떫은맛을 없애주지요.

Q 우엉을 날것으로 먹을 수 있나요?

A 일반적으로 우엉은 조려서 많이 먹지만 날것으로 먹으면 몇 배 더 많은 식이섬유소를 얻을 수 있어요. 날것으로 먹을 경우 강판에 갈아 즙으로 먹거나 채로 썰어 식촛물에 담갔다가 건져서 샐러드처럼 먹을 수 있습니다.

우엉 구입 및 감별법

우엉은 껍질이 매끈하며 흠이 없고 탄력이 있는 것이 좋으며 바람이 들지 않은 것이 좋다. 모양이 굽지 않고 굵기가 균일하며 혹이나 수염뿌리가 없고, 잘랐을 때 속이 희고 부드러운 것이 좋다. 흙이 묻은 것은 신문지에 말아서 서늘한 곳에 두고, 씻은 것은 봉지에 넣어서 냉장고에 보관한다.

미인으로 만드는 붉은 보석

사과

사과의 역사 및 유래는?

　　　　사과는 능금나무과에 속하는 사과나무의 열매이다. 원산지는 코카서스서스에서부터 서아시아에 걸쳐 그 일대라고 알려져 있다. BC 20세기경 스위스 토굴주거지에서 탄화된 사과가 발굴된 것으로 보아 서양사과는 약 4000년의 재배역사를 가진 것으로 추정된다. 중국에서는 BC 2세기 전부터 재배한 기록이 있고, 우리나라에서는 고려시대의 「고려도경(高麗圖經)」에 기록이 나오지만 그 이전부터 재배했을 것으로 보인다. 우리나라의 사과재배의 시초는 자생능금의 재배에서부터 시작된다.
「계림유사(鷄林類事)」에 의하면 우리나라에 자생하는 능금의 어원은 '임금(林檎)'으로서 숲에서 과일이 붉게 익을 때 새가 날아와 쪼아 먹게 된다고 해서 유래되었으며, 전설에는 임금과 발음이 같아 상서로운 과실로 여겨져 고려중엽 개성에서 재배를 장려하였다고 한다.

사과에 들어있는 영양소는?

종류	열량(kcal)	수분(%)	단백질(g)	지질(g)	탄수화물		회분(g)	무기질
					당질(g)	섬유(g)		K (mg)
사과(부사)	57.0	83.6	0.3	0.1	15.3	0.5	0.2	95.0

사과의 영양성분표 (100g 당)〈한국영양학회 제7차 개정판〉

　　　　사과의 주성분은 당분, 유기산, 펙틴이다. 유기산은 0.5% 가량 들어 있는데 사과산, 구연산, 주석산 등으로 이들 유기산은 사과의 신맛을 내는 성분이다. 유기산은 위액 분비를 촉진하여 소화를 돕고 몸 안에 쌓인 피로를 풀어주며 피부미용에 좋은 것으로 알려져 있다.
1~1.5% 가량 들어 있는 펙틴(pectin)은 장에 자극을 주기 때문에 변통을 잘하게 하고, 변비나 설사를 할 때 발생하는 유해물질 및 가스가 체내에 흡수되는 것을 방지한다. 또한 사과에는 칼륨이 많이 함유되어 있어 몸 속 나트륨의 배출을 촉진시켜 혈압을 정상적으로 유지시켜 준다.

사과를 이용한 조리 및 음식은?

사과쥬스 : 사과와 당근을 마시는 요구르트에 넣어 곱게 간다. 레몬즙을 넣어 주면 청량감이 한결 높아진다.

사과떡케익 : 사과를 깎아 말려서 멥쌀가루와 섞고 떡틀에 담아 김 오른 찜솥에 찐다.

사과스낵 : 사과를 깨끗이 씻어 껍질을 벗기지 않고 얇게 썰어서 내열 접시에 올려 랩을 덮고 살짝 익힌 다음 채반에 널어 말려 설탕을 뿌린다.

사과잼 : 사과는 껍질을 벗기고 채를 썰어 믹서에 물과 소금을 약간 넣고 갈아서 냄비에 설탕을 넣고 끓인다.

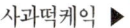
사과떡케익 ▶

Q&A

Q 아침에 먹는 사과는 금, 밤에 먹는 사과는 독이라는 말이 있는데 맞는 말인가요?

A 아침에 먹는 사과는 위액의 분비를 촉진해서 식욕을 돋궈주고 소화를 도와 몸에 이로워요. 반면 밤에 먹는 사과는 섬유질이 장을 자극해서 배변을 촉진해서 잠을 설치거나 화장실에 갈 수 있어요. 또 위액분비가 촉진되어 빈속을 자극하게 되지요. 그래서 자는 동안에는 더 나쁘게 영향을 미칠 수 있기 때문에 밤에 먹는 사과는 독이라는 말이 생겨난 것 같습니다.

Q 사과를 껍질째 먹는 것이 좋다고 하던데요. 왜 그런가요?

A 사과껍질에는 항산화 작용이 큰 카프로산(caproic acid), 클로로젠산(chloroginic acid)을 비롯하여 펙틴, 비타민 C, 페놀산 등 사과의 중요한 영양소들은 껍질과 껍질 바로 밑 과육에 집중적으로 들어 있어요. 또한 사과의 비타민 C는 껍질에 대부분 존재하므로 껍질을 제거하고 먹을 경우 비타민을 섭취할 수 없게 되지요. 따라서 사과는 껍질째 먹는 것이 더 좋아요. 하지만 농약이 걱정이라면 사과를 식초 탄 물에 잠시 담궈 두었다 흐르는 물에 깨끗이 씻어 먹으면 걱정할 필요가 없습니다.

Q 사과는 하루에 몇 개 정도 먹으면 좋은가요?

A 사과의 여러 효능에 대한 조사 보고서를 보면 보통 하루에 사과 한 개 정도의 섭취를 권하고 있어요. 사과 1개에는 하루 필요한 섬유소 양의 약 20%가 들어있어서 변비와 비만 예방에 좋은 과일이에요. 사과는 우리 몸에 좋은 다양한 영양소를 가지고 있지만 당분도 들어 있기 때문에 한꺼번에 많은 양을 먹기보다는 적당한 양을 꾸준히 매일 먹는 것이 좋습니다.

Q 사과는 깎아 두면 금방 색이 갈색으로 변해버려요. 색이 변하지 않게 하는 방법이 없을까요?

A 사과 표면에는 폴리페놀옥시다제(polyphenoloxidase)라는 효소가 있는데, 이 효소가 공기를 만나면 산화가 일어나 갈변이 되요. 이럴 때는 신맛이 있는 레몬주스나 오렌지주스에 담가두면 좋아요. 산소의 접촉을 막기 위해 물에 담가두기도 하는데, 설탕물이나 소금물에 담그는게 더 효과적입니다.

Q 사과잼을 만들 때, 주로 상하거나 과숙한 사과로 많이 만들게 되는데, 잼의 품질에 영향을 미치지 않을까요?

A 잼을 만들 때 가장 중요한 것은 펙틴(pectin)이에요. 흔히 과숙하고 상한 과일로 잼을 만드는데 이때에는 과일의 펙틴이 펙트산의 형태로 존재해요. 반면에 신선하고 적당한 사과일수록 펙틴의 함량이 많아 좋은 질감의 잼을 만들 수 있어요. 사과로 잼을 할 때는 과숙한 과일보다는 신선한 사과로 만드는 것이 훨씬 질 좋은 잼을 만들 수 있습니다.

사과 구입 및 감별법

사과는 껍질이 다소 거칠더라도 검붉은 짙은 빨간색을 띄는 것이 당분함량과 비타민 함량이 높고 맛이 좋다. 부사는 밑 부분에 붉은 색이 돌고 윤기가 흐르는 것이 맛있는 사과이다. 홍옥은 껍질이 새빨갛고 진한 것이 좋고 꼭지에 푸른색이 돌고 물기가 있는 것은 수확한 지 얼마되지 않은 싱싱한 것이다. 껍질에 탄력이 있으며 만졌을 때 단단하고 과육이 꽉 찬 느낌의 것이 좋고 손가락으로 튕겨봤을 때 맑은 소리가 나며, 광택이 나는 것이 좋다.

천연소화제

배

배의 역사 및 유래는?

배는 능금나무과에 속하는 배나무의 열매이다. 배의 종류는 20여 가지가 되는데, 크게 일본배, 중국배, 서양배로 나뉜다. 서양배는 약간 표주박 비슷하게 생겼는데, 수분과 비타민 함량은 적지만 당분이 많고 향이 강하다. 신라때 배에 관한 기록이 있는 것으로 보아 우리나라 배의 역사가 길며, 허균의 「도문대작(屠門大嚼)」에는 5품종의 배가 기록된 것으로 보아 품종도 다양한 것으로 보인다. '배 먹고 이닦기', '배 썩은 것은 딸에게 주고 밤 썩은 것은 며느리 준다.' 등 속담에도 나올 정도로 일상 생활에서 귀하게 많이 사용하는 과일이다.

배에 들어있는 영양소는?

종류	열량 (kcal)	수분 (%)	단백질 (g)	지질 (g)	탄수화물		회분 (g)	무기질	비타민
					당질 (g)	섬유 (g)		K (mg)	C (mg)
배	51.0	85.8	0.5	0.2	12.3	1.64	0.4	142.0	4.0

배의 영양성분표 (100g 당) <한국영양학회 제7차 개정판>

배는 수분이 많으며, 비타민 B, C, 칼슘, 칼륨, 마그네슘이 풍부한 강알칼리성 식품이다. 특히 배에는 단백질을 소화시키는 소화효소가 많아 갈비찜과 같은 육류 조리에 배를 갈아 넣으면 육질이 부드러우면서 소화와 흡수를 돕는다. 배에 사각사각 작은 알갱이 같이 씹히는 느낌을 주는 것이 석세포(石細胞)인데 주성분은 식이섬유인 리그닌(lignin)이다.

이 석세포는 장의 운동을 활발하게 촉진시켜 배변과 이뇨작용을 활발하게 해준다. 「동의보감(東醫寶鑑)」에는 "피부를 곱게 하고 변비를 제거한다. 갈증을 해소하며 숙취를 풀어 주어 기분이 상쾌해진다. 이뇨작용을 도우며, 천식에 효과가 있다."고 기록되어 있다.

배를 이용한 조리 및 음식은?

배꿀찜 : 배 1개를 깨끗이 씻어서 ⅓정도 도려낸 다음 속을 파내고 황설탕 ½ 큰술을 넣어 뚜껑을 덮는다. 뚜껑을 덮은 배를 은박지에 싸서 미리 달구어진 석쇠 위에 올려 약한 불에서 20~30분 정도 굽는다. 배즙이 배어나오면 불에서 내려 면보로 꼭 짜서 마신다.

배숙 : 배는 껍질을 벗기고 씨를 자르고 8등분하여 통후추를 박아 생강 끓인물과 설탕을 넣고 은근히 끓인다.

배도라지즙 : 껍질 깐 통도라지와 배 껍질을 벗겨 물이 잠기게 부어 물이 ½ 정도 줄어 들면 즙만 짜서 마신다.

배술 : 시들시들한 배 10개를 8쪽으로 잘라 용기에 담고 설탕 200g을 넣는다. 배가 충분히 잠길만큼 소주를 부어 2~3개월 정도 두었다가 걸른다.

배숙 ▶

Q & A

Q 배는 어떤 사람들에게 좋은 음식이 인가요?

A 배는 성질이 냉하여 열이 나서 가슴이 답답하거나 갈증이 날 때 좋고, 술 취한 후 갈증을 풀어줘요. 배는 목이나 폐의 염증을 가라앉히며 열을 내리고 수분을 보충하는 작용이 있어 감기나 편도선염 등으로 목이 아플 때, 또는 기침이나 가래가 있을 때의 치료제로 많이 이용됩니다. 담배를 피워 기관지가 약해진 사람에게도 배는 좋은 역할을 합니다.

Q 배를 이용한 음식 중에 익혀서 먹는 것이 있는데 배를 익혀 먹으면 영양이 손실되지 않을까요?

A 배를 익히면 배에 들어있는 소화효소나 영양분들은 일부 파괴되지만 110℃ 이상 가열했을 때 배 안에 들어있는 항산화성분인 폴리페놀(polyphenol)의 함량이 증가해요. 그러므로 배를 중탕으로 익혀 먹는 것은 좋은 조리 방법입니다.

Q 배는 싱싱해야 물이 많고 맛이 있는데 저장을 오래하려면 어떻게 해야 하나요?

A 배는 여름에 수확한 것보다는 10월 이후에 수확한 것이 저장성이 좋아요. 배는 구입한 즉시 하나하나 랩으로 싸서 수분이 날아가지 않게 한 뒤 바로 냉장고에 넣으면 신선하게 장기 보관할 수 있는 방법이에요. 즉 배의 저장조건을 4~5℃에서 85%의 습도를 유지하면 오래 저장할 수 있습니다.

Q 사과와 배를 냉장고에 함께 보관하면 안 좋다고 하는데 왜 그런지요?

A 사과와 배를 함께 보관하면 사과가 내보내는 에틸렌(ethylene)이라는 호르몬 때문에 함께 있는 배가 빨리 시들고 맛이 없어져요. 배 뿐만 아니라 다른 과일도 마찬가지이지요. 그렇기 때문에 사과는 다른 과일과 따로 보관하는 것이 좋습니다.

Q 호박, 감, 귤 등으로는 떡을 하는데 배로는 왜 만들지 않나요?

A 배에는 석세포가 들어 있어 사각사각 씹히는 것이 있지요. 이 석세포 때문에 떡을 만들어도 씹히는 질감이 부드럽지가 않아요. 또한 물이 너무 많아 떡이 질어지기 때문이지요. 옛 문헌을 봐도 배로 떡을 만든 예는 찾을 수가 없는 것이 바로 그 이유 때문입니다.

배 구입 및 감별법

배는 푸른색이 없고 약간 황갈색이 감돌며 고유의 점 무늬가 큰 것이 좋은 배다. 전체 모양이 둥글고 표면이 매끄러우며 만져보았을 때 단단하고 껍질이 얇을수록 맛있다. 꽃자리 쪽이 튀어 나오지 않고 납작하며 배꼽부분이 넓고 깊을수록 씨방이 작고 과육이 많다.
요즘은 꼭지 쪽에 성장촉진제를 처리하기도 하기 때문에 배의 꼭지부분이 끈적거리는 것은 구입하지 않는 것이 좋다. 배는 클수록 맛이 좋은 편이다.

설사를 멎게 하는 과일
감

감의 역사 및 유래는?

감은 감나무의 열매로 원산지는 한국, 중국, 일본이다. 기원전부터 재배했을 것으로 보이는데, 6세기에 저술된 중국 농업기술서인 「제민요술(齊民要術)」에 곶감 만드는 법과 떫은 맛 빼는 방법까지 기록되어 있는 것으로 보아 오랫동안 친근한 과일로 이용한 것으로 보인다. 한국 최고의 의서인 「향약구급방(鄕藥救急方, 1236년)」에 경상도 고령에서 감을 재배했다는 기록이 있는 것으로 보아 고려시대에 이미 감을 상용한 것으로 보인다.

조선 성종 때의 「국조오례(國朝五禮)」에는 감을 중추절의 제물로 사용한다는 기록이 있는데, 이 때부터 제례 때에 '조율이시(棗栗梨柹)'라는 말로 감을 중히 여기고 애용하게 된 듯하다. 제사에 감을 올리는 이유는 남녀가 결합해서 자손을 번창하라는 뜻인데, 감의 씨를 심으면 감나무가 아니라 고염나무가 되는데, 여기에 감나무의 눈을 접목해야 감이 열리기 때문이다.

감에 들어있는 영양소는?

종류	열량(kcal)	수분(%)	단백질(g)	지질(g)	탄수화물		회분(g)	비타민
					당질(g)	섬유(g)		C (mg)
단감	44.0	80.0	0.5	0.1	11.4	1.98	0.4	50.0
곶감	237.0	30.1	2.2	0.2	63.2	17.73	1.50	4.0

감의 영양성분표 (100g 당)〈한국영양학회 제7차 개정판〉

감은 당분이 11~14%로 다른 과일에 비해 상당히 높고 주로 6%의 포도당, 2~3%의 과당으로 구성되어 있어 소화흡수가 잘 된다. 설사가 심할 때 곶감을 먹으면 설사를 멎게 하는데, 이는 감의 떫은 맛을 내는 탄닌(tannin) 때문이다. 탄닌은 피부를 오그라들게 하는 수렴작용이 강하고, 모세혈관을 튼튼하게 해주는 역할을 한다. 옛날부터 무서운 호랑이 보다도 아이의 울음을 그치게 한다는 맛있는 곶감은 백시(白柿) 또는 건시(乾柿)라고 하는데, 몸을 따뜻하게 보강하고 장과 위를 두텁게 하며 비위를 튼튼하게 해 얼굴의 주근깨를 없애고 목소리를 곱게 한다. 한방에서는 만성기관지 등에 사용하며 고혈압환자에게는 훌륭한 간식으로 알려져 있다.

감을 이용한 조리 및 음식은?

감고지떡 : 감을 껍질을 벗겨 썰어 꾸덕꾸덕 말린다. 멥쌀가루에 감고지를 섞어 거피팥고물과 켜켜로 시루에 안쳐 김 오른 찜 솥에 찐다.

곶감쌈 : 곶감은 겉에 분이 뽀얗게 피고 속이 말랑말랑한 주머니 곶감을 선택하고 호도를 곶감 꼭지 쪽에 구멍을 만들어 끼워 넣은 후 손으로 꼭꼭 주먹 쥐듯이 눌러 호두 사이사이에 곶감 살이 고루 박히도록 한 다음 3등분하여 자른다.

홍시셔벗 : 홍시는 꼭지를 떼어내고 곱게 갈아 수정과 국물에 넣어 고루 섞는다. 알루미늄이나 스테인레스 판에 얇게 펴서 냉동고에 얼린 다음 서너 시간에 한 번씩 꺼내 굵은 포크로 긁어서 다시 얼리기를 서너 번 반복한다. 부드럽게 얼면 아이스크림 스쿠프로 담아내고 굵게 다진 호두를 얹어낸다.

단감샐러드 : 사과는 껍질째, 배와 단감은 껍질을 벗겨 먹기 좋은 크기로 자르고 수삼·밤·대추도 먹기 좋은 크기로 잘라 섞어 요구르트 드레싱에 무친다.

감고지떡 ▶

Q & A

Q 곶감을 호두와 함께 곶감쌈을 해먹는데요, 함께 먹어도 좋은가요?

A 감에는 떫은 맛 성분인 폴리페놀, 즉 탄닌(tannin)성분이 들어 있어 감을 너무 많이 먹으면 변비가 될 수가 있으니 조심해야 해요. 호두에는 콜레스테롤치를 낮추는 불포화 지방산이 50% 이상 들어 있어 곶감이 가지고 있는 변비 걱정을 덜게 하는 효과가 있기 때문에 곶감과 호두 또는 잣을 함께 먹는 것이 좋습니다.

Q 곶감 겉 표면에 묻은 흰 가루는 무엇인가요?

A 곶감의 흰 가루는 감이 건조될 때 감 속의 당분이 밖으로 나와 흰 가루가 된 것으로서 주성분은 포도당이에요. 가루가 많이 발생된 곶감일수록 감 속의 당분이 많이 빠져나온 것이므로 곶감 자체의 당도는 낮다고 할 수 있지요. 그러나 흰 가루는 곶감의 수분을 일정하게 유지시켜 부드럽게 하며 썩는 것도 방지하기 때문에 흰 가루가 전혀 없는 곶감보다는 흰가루가 있는 곶감이 좋은 곶감입니다.

Q 감 중에서 곶감용 감이 따로 있나요?

A 곶감용으로는 과육(果肉)이 섬세한 감이 좋아요. 떫은 감은 홍시가 되기 전 껍질을 벗겨, 꼬챙이에 꿰거나 줄로 묶어 통풍이 잘 되고 볕이 잘 드는 장소에 널어 건조시키면 맛있는 곶감이 됩니다.

Q 곶감은 수입품과 국산의 품질차이가 아주 심한 편으로 외형뿐만 아니라 맛까지 차이가 큰데요, 국산과 수입산을 구분 하는 방법은 무엇인가요?

A 수입품은 원산지 표시가 잘 되어 있지 않아 포장 및 유통과정이 매우 열악한 상태라고 할 수 있어요. 수입 곶감은 당도가 국산에 비해서 낮으며, 제 맛이 나지 않고 곶감의 두께가 얇고 진한 갈색을 띠며 백분 생성이 많은 것이 특징이지요. 국산 곶감은 연한 갈색을 나타내며 두께가 두껍고 적당한 백분이 생성되어 있습니다.

Q 곶감은 쓰임새가 다양한데, 그 용도에 따라 어떤 것을 골라야 하나요?

A 곶감은 수정과, 곶감 쌈, 제사상에 올리는 등 다양한 용도로 사용하는데 그 용도마다 크기와 모양, 건조 정도가 적당한 것을 골라야 해요. 수정과용으로 사용할 곶감은 대개 씨가 없고 작은 것으로 꼬치에 꿰지 않고 한 개씩 잘 말린 것이 좋으며, 곶감 쌈은 중간크기로 약간 덜 말라서 부드러운 것으로 살이 많고 씨가 없는 것이 좋아요. 제사상 등의 고임에는 꼭지가 윗쪽에 가도록 납작하게 눌러서 말린 것을 사용하는 것이 좋습니다.

감 구입 및 감별법

감은 얼룩이 있거나 색이 변하지 않고 고르게 나 있으며 들어 보았을 때 무게감이 있는 것이 좋다. 감 표면에 과분이 있으며 과육이 치밀하면서도 단맛이 나고, 연하며 씨를 잘라 보았을 때 씨가 적은 것이 좋다. 곶감은 꼭지부분이나 외관 등 사이사이를 잘 살펴 곰팡이가 없고 깨끗한 것으로 고르고 색이 아주 검거나 지나치게 무른 것, 딱딱한 것은 피해야 한다.

자손 번창을 기원하는 사랑의 묘약
대추

대추의 역사 및 유래는?

대추는 갈매나무과에 속하는 대추나무의 열매로 조(棗) 또는 목밀(木蜜)이라고도 한다. 원산지는 유럽 남부 또는 아시아 동부, 아시아 서부라는 설이 있는데, 한국, 중국, 일본, 남유럽의 온대지방에 분포한다. '대추나무에 연 걸리듯 한다.', '대추나무 방망이 같다', '대추씨 같다.' 등 다양한 속담이 있듯 우리나라에서 오랫동안 친근하게 사용한 과일이다.

특히 대추는 꽃이 피면 반드시 열매를 맺고 익기 전에는 꽃이 잘 떨어지지 않으며 열매는 양의 색인 붉은색으로 자손을 번창하라는 의미가 담겨 있어 혼례 때 빠지지 않고 상에 오른다. 식용으로 뿐만 아니라 오래 전부터 노화를 막는 식품으로 여겨 약용으로도 사용하였다.

대추에 들어있는 영양소는?

종류	열량 (kcal)	수분 (%)	단백질 (g)	지질 (g)	탄수화물		회분 (g)	무기질	비타민	
					당질 (g)	섬유 (g)		K (mg)	β-carotene (μg)	C (mg)
대추(생 것)	104.0	69.5	3.2	0.5	24.8	3.94	0.8	374.0	10.0	55.0
대추(말린 것)	289.0	17.2	5.0	2.0	71.0	12.37	2.10	952.0	5.0	8.0

대추의 영양성분표 (100g 당) <한국영양학회 제7차 개정판>

　　　　대추는 단백질, 지방, 사포닌(saponin), 포도당(glucose), 과당(fructose), 다당류(polysaccharides), 유기산을 비롯한 칼슘, 인, 마그네슘, 철, 칼륨 등 36종의 다양한 무기원소를 함유하고 있다. 생대추에는 비타민 C와 P가 매우 풍부하게 들어 있어 비타민 활성제라 부르기도 한다.

과일보다는 약으로 더 많이 인식되고 있는데 「동의보감(東醫寶鑑)」에 "대추는 맛이 달고 독이 없으며 속을 편안하게 하고 오장을 보호한다. 오래 먹으면 안색이 좋아지고 몸이 가벼워지면서 늙지 않게 된다."고 기록되었다. 대추는 신경을 이완시켜 흥분을 가라앉히고 잠을 잘 오게 하기 때문에 수험생이나 갱년기 여성들에게 권장할만하다.

대추를 이용한 조리 및 음식은?

대추죽 : 대추를 푹 고아 체에 받친다. 찹쌀을 곱게 갈아 물을 넣고 끓이다 죽이 어우러 지면 대추고를 넣어 더 끓인다. 먹을 때에 소금과 꿀로 간을 한다.

대추편 : 대추에 물을 넣고 푹 끓여 체에 내려 대추고를 만든다. 대추고를 멥쌀가루에 섞어 고루 비비고, 막걸리와 설탕을 넣고 체에 내린다. 밤, 대추, 석이버섯채를 고물로 뿌려 시루에 담고 김 오른 찜솥에 찐다.

대추주악 : 대추를 곱게 다져 찹쌀가루와 섞어 반죽한다. 반죽을 조금씩 떼어 깨소금 소를 넣고 작은 송편처럼 빚은 다음 기름에 지져 설탕을 뿌린다.

대추초 : 대추는 씨를 빼내고 잣을 한 줄로 넣어 꼭 아무린 후 꿀과 계피가루를 넣어 조린 다음 잣가루를 뿌린다.

대추편 ▶

Q&A

Q 대추는 오래 먹으면 안색이 좋아지고 몸이 가벼워지고 장수할 수 있다고 했는데요. 정말 그런가요?

A 대추는 오래전부터 노화를 예방하는 효과가 있는 신비로운 생약으로 취급되어 왔는데, 대추는 내장의 모든 기관을 강화하고 긴장에 의한 스트레스를 완화하고 과민증을 풀어주는 작용을 해요. 대추는 다른 과일에 비해 당질과 무기질, 식이섬유가 풍부하고, 비타민 C와 베타카로틴 같은 항노화물질이 들어있어 노화를 예방하고 성인병을 예방하기도 합니다. 또한 늘 소화가 잘 안 되는 사람에게도 좋고 노인이 먹으면 몸이 가벼워지고 늙지 않는다고 하였습니다.

Q 대추를 부부화합의 묘약이라고 해서 옛 선비들은 지속적으로 대추를 먹었다고 하는데, 정말 대추가 정력에 좋은가요?

A 대추를 달인 차에 꿀을 섞어 매일 마시면 강장작용이 있어요. 대추는 오장을 편하게 해주어 신경질을 없애주고 또한 벤조피렌(Benzopyrene)이라는 성분이 있어 간장을 보호하고 근육을 강화시켜 주지요. 그래서 대추를 먹으면 부부화합이 되는 "묘약"이라는 말이 있어요.

Q 빨갛게 익은 대추는 단맛이 나서 그냥 먹기도 하는데요. 몸에 좋다고 무조건 먹어서는 안 되겠죠? 하루에 몇 알정도 먹어야 적당할지요?

A 대추를 많이 먹으면 배가 더부룩해 지기 때문에 개인차이가 있지만 4~8개 정도가 적당합니다.

秋

Q 대추를 파와 함께 먹으면 좋지 않다고 하는데, 맞는 얘기인지, 대추와 궁합이 잘 맞는 음식에는 어떤 것이 있는지요?

A 대추와 파는 잘 어울리는 식품으로 기침 감기에 대추(6개), 생강(60g), 파뿌리(5~6개) 등을 함께 넣고 끓여 수시로 마시면 좋아요. 대추는 열이 많은 식품으로 꿀, 인삼과도 궁합이 잘 맞아 같이 끓여 차로 만들어 마시면 체력을 증강시키고 식욕을 북돋워 줍니다.

Q 쌀쌀한 날씨에는 대추차가 제격인데 대추차를 집에서 만드는 방법 좀 가르쳐 주세요?

A 잘 씻은 대추 30개를 주전자에 넣은 다음 1.8ℓ의 물을 부어 끓인 후 한 번 끓어 오르면 불을 줄여 2시간 정도 달입니다. 물이 줄어들면 대추를 건져 꿀이나 설탕을 넣어 단맛을 조절하면 맛있는 대추차가 됩니다.

대추 구입 및 감별법

마른 대추는 색이 연한 황갈색으로 선명하고 윤이 난다. 알이 적당히 굵고, 주름이 고르며, 눌렀을 때 탄력이 느껴지는 것이 좋다. 또한 곰팡이가 피지 않은 것이어야 한다. 국내산은 대부분 꼭지가 붙어 있고 과육과 씨가 잘 분리되지 않는다. 한 움큼 쥐고 흔들었을 때 속의 씨가 움직이는 소리가 나지 않는 것이 좋다.

신선이 사랑한 장수식품
버섯

버섯의 역사 및 유래는?

버섯은 고등균류로 곰팡이의 일종이다. 버섯의 종류는 수천 종이 있으나 식용할 수 있는 것은 송이버섯, 표고버섯, 느타리버섯, 석이버섯, 목이버섯, 싸리버섯, 팽이버섯, 영지버섯 등 일부이고, 나머지는 독이 있어 먹을 수 없다. 버섯은 독특한 향기와 맛으로 세계적으로 애용되고 있는데, 고대 그리스와 로마에서는 '신의 식품(the food of the gods)'이라는 찬사를 받았고, 중국에서는 불로장생의 장수식품으로 이용되어 왔다.

우리나라 「삼국사기(三國史記)」에 의하면 신라 성덕왕 때 공주에서 금지(목이버섯)와 서지(석이버섯)을 진상하였고, 「세종실록(世宗實錄)」에 의하면 송이, 표고, 진이(眞耳), 조족이(鳥足耳), 복령, 복신(茯神)의 주산지까지 기록되어 있는 것으로 보아 버섯 식용의 역사가 오랜된 것으로 보인다.

버섯에 들어있는 영양소는?

종류	열량(kcal)	수분(%)	단백질(g)	지질(g)	탄수화물		회분(g)	비타민 B₂ (mg)
					당질(g)	섬유(g)		
느타리버섯	25.0	91.3	2.7	0.2	4.6	0.6	0.6	0.32
송이버섯	28.0	90.2	2.4	0.4	5.3	4.7	0.7	0.33
표고버섯	38.0	91.0	2.0	0.3	5.5	6.05	0.5	0.21

버섯의 영양성분표 (100g 당)〈한국영양학회 제7차 개정판〉

　　버섯은 대개 수분 90%, 당질 5%, 단백질 2%, 지질 0.3% 등으로 이루어져 있고, 칼로리가 거의 없는 다이어트 식품이다. 햇빛의 작용으로 비타민 D로 변하는 에르고스테린을 많이 함유하고 있어서 칼슘의 흡수를 촉진하고 뼈를 튼튼하게 한다. 버섯 특유의 감칠맛은 구아닐산(guanylic acid) 성분에 기인한 것이다. 버섯은 혈중콜레스테롤 수치를 낮추고 혈압을 내리고 심장병과 암을 예방하는 식품으로 각광을 받고 있다.
「동의보감(東醫寶鑑)」에 의하면 "버섯은 기운을 돋우며 식욕을 증진시키고 위장기능을 튼튼하게 한다. 또한 시력을 좋게 하며 안색을 밝게 해준다"고 기록되어 있다.

버섯을 이용한 조리 및 음식은?

버섯된장찌개 : 멸치 육수에 된장을 넣고 끓이다가 여러 종류의 버섯, 호박, 두부 등을 넣고 더 끓인다.

모듬 버섯나물 : 생표고버섯, 느타리버섯, 목이버섯, 팽이버섯을 끓는 물에 살짝 데쳐 소금, 깨소금, 후추, 참기름을 넣고 볶는다.

느타리버섯전 : 느타리버섯 데친 것, 양파, 고추 등을 굵게 다지고 달걀과 밀가루를 섞어 노릇하게 지진다.

표고버섯구이 : 생표고버섯은 흐르는 물에 빨리 씻어 석쇠에 앞 뒤로 구워 채를 썰어 소금, 깨소금, 참기름과 섞는다.

모듬 버섯나물 ▶

Q & A

Q 버섯의 약효는 생것이나 말린 것 중 어느 것이 더 좋은가요?

A 버섯에는 비타민 D의 전구물질인 에르고스테롤(ergosterol)이 있어 빛을 받으면 비타민 D로 변해요. 합성 비타민 D와는 달리 천연 비타민 D에는 부작용이 없으며 어린이의 성장 및 질병 예방에 좋아요. 또한 비타민 D는 체내 칼슘의 흡수를 도와 뼈를 튼튼하게 하므로 골다공증에 좋은 음식이에요.
그러나 이 비타민 D는 햇볕에 말리는 과정에서 생기는 것이기 때문에 생표고버섯에는 거의 들어있지 않아요. 또한 생 표고는 20~30분만 햇볕을 쬐도 비타민 D 함유량이 훨씬 늘어나기 때문에 잠시라도 햇볕에 두었다가 조리하는 것이 비타민 D를 섭취할 수 있는 방법입니다.

Q 옛날 신선이나 도사들이 버섯을 먹었다고 하는데요, 버섯이 노화방지에 좋은 효과가 있나요?

A 버섯에는 셀레늄(selenium)이라는 물질이 있어 노화를 지연시켜요. 노화라는 것은 쇠가 녹스는 것처럼 우리 몸을 구성하는 세포막이 산화하는 과정이에요. 버섯에 들어 있는 셀레늄은 우리 몸을 구성하는 세포막 등에 산패가 일어나면 산화를 막기 때문에 노화를 예방하는 좋은 식품이지요. 그래서 장수식품의 하나로 신선들이 먹었다는 얘기가 전해지고 있답니다.

Q 버섯이 비만예방에 좋은 이유가 있나요?

A 비만을 예방하기 위해서는 칼로리가 낮으면서도 포만감을 주는 것이 필수 조건인데, 버섯은 칼로리가 매우 낮고 섬유소와 수분이 풍부해서 포만감을 줍니다. 생표고버섯은 100g에 38kcal로 열량이 낮고 단백질, 칼륨 등을 고루 함유하고 있어서 다이어트를 할 때 염려되는 영양소 불균형을 해소할 수 있습니다.

Q 버섯을 날것으로 먹어도 되는지요?

A 양식을 한 버섯은 공장에서 나올 때 다듬어서 출하되므로 깨끗이 씻어서 생것으로 먹어도 됩니다. 불안하다 싶으면 살짝 데쳐서 초고추장이나 소스에 버무려서 먹으면 더 맛있게 먹을 수 있어요. 요즘 유기농으로 인증서가 붙어서 나오는 버섯들은 믿고 먹어도 됩니다.

Q 버섯의 영양소를 그대로 살리면서 맛있게 먹을 수 있도록 조리하는 방법에는 어떤 게 있나요?

A 버섯의 생명은 신선도에 있어요. 또한 다른 식품에 비해 손질 또한 까다로운 편인데 그 독특한 향기가 살아나도록 양념을 쓰지 않는 것이 좋아요. 물에 씻을 때도 빨리 씻어야 하고 오랫동안 물에 담가 두거나 껍질을 벗기면 효소작용으로 상처 난 부위가 검어지고 향이 사라지게 됩니다. 버섯의 향기는 열에 약하므로 불판에 구울 때는 살짝 굽고 찌개나 국에 넣을 때도 먹기 바로 전에 넣어 잠깐 끓여서 먹어야 그 풍미를 살릴 수 있습니다.

버섯 구입 및 감별법

표고버섯은 버섯특유의 향이 나며 연한 밤색을 띠고 뒷면은 하얗고 주름이 선명한 것이 좋다. 또 살이 두툼하고 줄기가 짧고, 갓이 너무 퍼지지 않은 것이 좋다. 송이버섯은 갓이 너무 피지 않고 줄기가 단단하며 자루가 짧고 살이 두꺼우면서 하얀 것이 좋다. 줄기가 푸석거리거나 오래되어 색이 검고 마른 느낌이 나는 것은 좋지 않다.
팽이버섯은 갓이 작고 가지런하며 순백색을 띠는 것이 좋다. 뿌리가 짙은 다갈색이며 마르거나 줄기가 가느다란 것은 신선도가 떨어진 것이다. 느타리버섯은 갓이 연회색을 띠며 둥글고 예쁜 모양일수록 신선하고 줄기부분은 단면이 하얗고 갓모양이 부스러지지 않은 것이 좋다. 양송이버섯은 흰색 빛깔에 갓이 둥글고 매끄러우며 탄력이 있고 단단한 것이 좋다. 갓의 뒷면에 검은색이 보이면 오래된 것이므로 좋지 않다.

고단백, 저지방, 저칼로리
닭고기

닭고기의 역사 및 유래는?

      닭고기는 꿩과에 속한다. 원산지는 동남아시아로 반키바 야계(野鷄)를 길들여 가축화하였다. BC 2500년경 인더스 문명에서 닭을 사육하였으며, BC 1700년 경 동남아시아에서 중국으로 전래되었다. 우리나라에는 함경도, 평안도 등의 신석기 유적지에서 닭의 뼈가 출토되고 고구려 무용총에 꼬리가 긴 닭의 모습이 벽화로 남겨진 것으로 보아 오래전부터 식용한 것으로 보인다. "사위가 오면 씨암닭을 잡는다"는 말이 있듯이 닭은 귀한 손님이 오면 접대용으로 또한 한여름 더위를 물리치는 보양식으로 오랫동안 사랑받아온 식품이다. 닭은 나는 산삼이라 해서 비삼(飛蔘)이라고도 하는데, 우리나라 닭이 특히 품질이 좋아 「본초강목(本草綱目)」에 보면 중국 사람들이 한국까지 가서 약용할 닭을 구해 온다는 기록이 있다.

닭고기에 들어있는 영양소는?

종류	열량(kcal)	수분(%)	단백질(g)	지질(g)	탄수화물		회분(g)	비타민
					당질(g)	섬유(g)		A (mg)
닭고기	173.0	70.1	18.5	10.4	0.1	0.0	0.9	55.0

닭고기의 영양성분표 (100g 당)<한국영양학회 제7차 개정판>

  닭고기는 고(高)단백, 저(低)지방, 저(低)칼로리의 소화흡수가 잘 되는 식품이다. 단백가가 87로 80인 쇠고기보다 필수아미노산이 많아 질적으로 우수한 단백질 급원 식품이다. 단백질은 성장과 발육을 촉진시키고, 두뇌 성장을 도울 뿐만 아니라, 세포조직의 생성 및 각종 질병을 예방해주는 기능을 한다.

닭고기는 메치오닌(methionine)을 많이 함유하고 있는데 쇠고기가 100g 중 0.43g인데 비해 닭고기는 0.64g이다. 메치오닌은 알코올로 인한 간 손상을 예방한다. 보통의 육류는 대부분 포화지방산인데 비해 닭고기는 ⅔정도가 불포화지방산이다. 특히 혈청 콜레스테롤을 용해시키는 작용을 하는 불포화지방산인 리놀산이 쇠고기의 5배나 많이 들어있다.

닭고기를 이용한 조리 및 음식은?

닭구이 : 닭을 작게 토막 쳐서 간장 양념하여 재웠다가 석쇠에 구워 낸다.

닭섭산적 : 닭고기를 곱게 다져 양념을 하고, 두부도 물기를 뺀 뒤 으깨어 소금, 후추, 참기름 양념을 한다. 양념한 닭고기와 두부를 섞어 넓적하게 반대기를 지어 석쇠에 굽는다.

닭고기버섯탕 : 닭고기를 얇게 저며 양념에 재웠다가 녹말을 묻혀서 기름에 튀긴다. 표고버섯, 양파, 죽순을 기름에 볶다가 국물을 부어 끓이면서 물 녹말을 풀어 간을 맞춘다. 여기에 튀긴 닭고기를 넣는다.

초계탕 : 삶아서 가늘게 찢어 무친 닭고기를 오이, 해삼, 버섯, 묵 등과 함께 그릇에 담고 차가운 닭고기 국물에 발효시킨 겨자를 섞어 새콤하게 하여 넣는다.

닭구이 ▶

Q&A

Q 다이어트 식품으로 닭 가슴살이 좋다고 하던데, 왜 그런가요?

A 흔히 다이어트를 할 때는 고기류를 금하고 단백질의 섭취를 줄여야 한다고 생각하기 쉬워요. 그러나 닭 가슴살은 예외에요. 닭 가슴살엔 우리 몸에 필요한 필수아미노산이 완벽하게 들어있어요. 닭 가슴살의 단백질은 100g 당 23.3g으로 다른 육류인 쇠고기(20.1g)와 돼지고기(17.3g)에 비해 단백질은 높고, 소화흡수가 늦어 포만감을 지속시켜주면서 열량은 적은 식품으로 다이어트에 도움이 된답니다.

Q 닭날개를 먹으면 바람이 난다고 하는데 맞나요?

A 닭날개는 살코기가 별로 없지만 연골이 많고 지방이 적당해 독특한 감칠맛이 있어요. 닭날개에는 피부를 매끄럽게 해주는 콘드로이친황산을 함유한 콜라겐(collagen) 성분이 풍부해요. 이 성분은 피부를 매끄럽고 탄력있게 만들어주고 노화방지와 강장효과가 있지요. 닭날개를 먹으면 피부를 아름답게 가꾸어 주어 젊어져서 바람이 난다는 옛말이 생긴 것 같습니다.

Q 흔히 "영계일수록 좋다"고 말하잖아요. 왜 영계가 우리 몸에 좋은가요?

A 닭은 암탉과 수탉, 영계와 노계, 개량종과 토종에 따라 맛과 영양적인 차이가 있어요. 영계가 몸에 좋다고 하는 것은 바로 지방함량 때문이에요. 닭은 나이가 들수록 지방이 증가하게 되고 살은 질겨지고 살색이 어두워 영계 일 때보다 맛이 덜해요. 그래서 노계는 오랫동안 푹 고아 육수를 낼 때 제격이지요. 그에 반해 영계는 껍질과 고기가 연하고 풍미가 훨씬 좋아요. 그래서 영계일수록 좋다는 말이 나온 것 같습니다.

Q 닭고기를 많이 먹으면 안 좋은 분들은 어떤 분들인가요? 닭고기를 먹을 때, 주의할 점이 있다면?

A 평상시 열이 많고 피부에 염증이 있거나, 또는 발열성 질환이 있을 때는 닭고기의 섭취를 삼가 하도록 해야 해요. 특히 한약을 먹을 때에는 닭고기를 절대 금기시하는데, 사실상 살코기와는 별 상관이 없어요. 우리 민족은 채식위주의 식습관으로 동물성 단백질의 섭취가 어려워 보약을 먹을 때 닭고기를 먹으면 혹시 속이 거북하거나 설사를 일으킬 수 있어 닭고기를 삼가했지요. 그러나 닭고기의 지방분이 몸 안에서 보약의 유효 성분과 배합되면 다른 물질로 바뀌어 약의 효능을 약화시키거나 또는 부작용을 일으킬 우려가 있으므로 조심하는 것이 좋습니다.

Q 삼계탕은 주로 보양식으로 먹는데, 그 이유는 무엇인가요?

A 여름에는 땀을 많이 흘려 기운이 빠지고 입맛을 잃기 쉬우며 항상 피로하게 되지요. 또 더운 날씨에 단백질의 소모가 많아져 단백질이 풍부한 음식을 먹는 것이 좋아요. 여름철의 별식인 삼계탕은 소화흡수가 잘 되는 고단백 식품으로 인삼, 그리고 찹쌀, 밤, 대추 등의 유효성분이 어울려 영양의 균형을 이루고 스트레스를 누그러뜨리는 효과가 있는 여름철 훌륭한 보양식이 됩니다.

닭고기 구입 및 감별법

닭고기는 갓 잡은 것일수록 맛있다. 고기가 단단하고 껍질막이 투명하고 크림색을 띠며 약간 붉그스레한 것을 고른다. 또한 털구멍이 울퉁불퉁 튀어나오고 손으로 만져 보았을 때 고기가 촉촉한 정도의 수분을 느낄 수 있는 것이 좋다. 닭의 크기는 중간 정도가 좋고 냉동 닭보다는 냉장 유통되는 닭을 고르는 것이 좋다.

바다의 보리

고등어

고등어의 역사 및 유래는?

고등어는 농어목 고등어과의 바닷물고기이다. 고등어라는 이름이 붙은 것은 등이 둥글게 부풀어 오른 체형 탓으로 알려져 있는데, 그 생김새가 칼과 비슷하다고 해서 "고도어(古刀魚)"라고도 한다. 또한 고등어는 값이 싸고 구하기 쉬운 생선이기 때문에 '바다의 보리'라고도 한다. 조선시대 일본에서는 고등어가 아주 귀한 생선이었다. 한 일본인이 나무통에다 고등어 두 마리를 담아서 관청에 일을 부탁하러 가는데 어떤 사람이 그게 뭐냐고 물어보았다. 그러자 일본인이 그냥 '사바'를 가지고 관청에 간다고 말한 것이 와전되어 '사바사바한다'는 뜻으로 전해진 것이다.

고등어에 들어있는 영양소는?

종 류	열량(kcal)	수분(%)	단백질(g)	지질(g)	탄수화물		회분(g)	비타민 A (mg)
					당질(g)	섬유(g)		
고등어	173.0	70.1	18.5	10.4	0.1	0.0	0.9	55.0

고등어의 영양성분표 (100g 당)〈한국영양학회 제7차 개정판〉

고등어는 단백질 함유량이 무려 20%로 쇠고기와 비슷하며 꽁치, 참치, 정어리 등의 생선에 많이 들어 있는 불포화지방산인 DHA(도코사헥사엔산)와 EPA(에이코사펜티엔산)가 많이 함유되어 있다. DHA와 EPA는 모두 혈중의 콜레스테롤 수치를 현저히 감소시켜 고혈압, 동맥경화증에 효과가 있다. 특히 DHA는 뇌의 발달과 활동을 촉진시켜 기억능력 및 학습능력을 향상시킨다.

고등어를 이용한 조리 및 음식은?

고등어탕수 : 고등어를 살만 져며 내어 녹말을 무치고 기름에 튀겨 당근, 양파, 오이 등과 함께 볶다가 물을 붓고 식초, 설탕, 간장을 넣고 새콤달콤하게 만든다.

고등어무조림 : 무를 깔고 고등어를 적당한 크기로 썰어서 물을 붓고 간장 양념을 넣고 조린다.

고등어강정 : 고등어를 손질한 후 양념하여 튀겨낸 후 고추장 양념장에 조려 낸다.

고등어탕 : 신선한 고등어에 물을 붓고 푹 끓여 체에 살만 걸른다. 고등어살에 물, 우거지, 된장, 고추장, 생강, 마늘, 파를 넣고 끓여서 간을 한다.

고등어무조림 ▶

Q&A

Q 고등어가 심장병에 좋다고 하던데 왜 좋나요?

A 등 푸른 고등어에는 질 좋은 단백질이 많은데, 특히 불포화지방산은 혈관을 확장하고 혈소판 응고를 억제해 콜레스테롤을 저하시켜 줘요. 또 고등어에는 셀레늄이 풍부해 심장의 통증을 완화시켜 줍니다.

Q 고등어가 제일 맛있을 때는 언제인가?

A 고등어는 5~7월에 산란을 하고 여름이 지나 가을이 되면 살이 올라 맛있고 영양가가 높아져요. 고등어가 1년 중 가장 맛있는 시기는 지방질이 최대가 되는 가을에서 겨울까지에요. 가을에는 지질이 20%로 연중 최고로 많고 상대적으로 수분은 최소가 되지요.

Q 고등어와 어울리는 재료는 무엇이 있습니까?

A 고등어를 조림 할 때 빠지지 않는 재료가 바로 무예요. 큼직하게 썬 무를 냄비 바닥에 깔고 생선을 얹어 조리면 고등어가 바닥에 눌러 붙지 않고 무가 가지고 있는 매운 성분인 '이소시아네이트(isocyanate)'가 고등어의 비린내를 제거해요. 또한 무에는 비타민 C와 소화효소가 많으므로 고등어가 가지고 있지 않은 영양을 보완해주고 맛을 향상시킵니다.

Q 자반 고등어를 짜지 않고 맛있게 조리할 수 있는 방법이 있나요?

A 자반을 조리 할 때에는 소금간이 적당히 우러나야 제맛이 나는데 쌀뜨물에 담가두면 짠맛이 없어져서 좋아요. 쌀뜨물은 맹물보다 점도가 높아 생선의 맛난 성분이 흘러나오는 것을 막아주고 쌀뜨물의 콜로이드성 물질이 짠맛을 흡착해 주기 때문이지요. 자반 고등어는 간을 너무 많이 빼도 맛이 없어요. 자반을 이용한 음식은 간장이나 소금을 거의 넣지 않고 조리하면 맛있습니다.

Q 고등어를 잘못 먹으면 비리기도 하고, 알레르기를 일으킨다고 하는데 어떻게 하면 방지할 수 있나요?

A 고등어 특유의 비린내는 내장을 제거하고 깨끗이 씻은 다음 물기를 잘 닦고 사용해야 해요. 고등어의 비린내를 없애려면 고등어를 조리할 때 무, 녹차와 된장 등을 이용하면 좋아요. 고등어의 히스티딘(histidine)은 시간이 지나면 히스타민(histamine)으로 변하면서 두드러기 등의 알레르기를 일으키는 원인이 됩니다.
고등어 알레르기를 막으려면 선도가 떨어지는 내장은 바로 제거하고 고등어는 가장 신선한 것을 먹고, 식초에 절임으로써 히스티딘 성분을 방지할 수 있습니다.

고등어 구입 및 감별법

고등어는 눈이 맑으며 앞으로 튀어나와 있고, 아가미를 들춰 봤을 때 선명한 선홍색이며 껍질은 청록색으로 문양이 선명해야 한다. 싱싱한 것은 배가 빵빵하며 살에 탄력이 있으며 윤이 나고 무지개 빛깔이 난다. 구입즉시 내장과 아가미를 제거한 후, 소금물에 씻어 토막 내어 1회분씩 비닐 팩에 담아 냉동 보관한다.

건강을 지키는 파수꾼
꽁치

꽁치의 역사 및 유래는?

꽁치는 꽁치과에 속하는 바닷물고기이다. 꽁치는 가을철에 많이 나고 몸이 칼 모양으로 길기 때문에 추도어(秋刀魚), 추광어(秋光魚), 공어(公魚) 등으로 불린다. 「임원십육지(林園十六志)」에는 공어(貢魚)라 하였고, 속칭 공치어(貢侈魚), 한글로는 공치라고 기록하고 있다.
서리가 내려야 꽁치는 제 맛이 난다고 하는데, 이는 10월과 11월이 되면 지질 함량이 20%로 증가하면서 꽁치의 맛이 좋아지기 때문이다. 포항에서는 겨울철, 청어를 바닷바람에 얼렸다 녹였다를 반복하면서 건조시킨 과메기를 즐겨 먹었는데 청어가 구하기 어려워진 70년대 이후부터는 꽁치를 주로 이용해서 과메기를 만들어 먹는다.

꽁치에 들어있는 영양소는?

종류	열량 (kcal)	수분 (%)	단백질 (g)	지질 (g)	탄수화물		회분 (g)	무기질 Ca (mg)	비타민 A (RE)
					당질(g)	섬유(g)			
꽁치(생 것)	262.0	59.0	20.2	19.4	0.1	0.0	1.30	44.0	40.0

꽁치의 영양성분표 (100g 당)<한국영양학회 제7차 개정판>

　　　　　　꽁치는 단백질과 지방함량이 높으면서도 가격이 저렴한 서민적인 식품이다. 단백질 함량이 20%이면서도 단백가가 96으로 질도 대단히 우수한 생선이다. 등푸른생선인 꽁치는 불포화지방산이 높아 콜레스테롤의 양을 감소시키고 암 예방, 노화방지에 효과적이어서 중년 이후의 성인에게도 좋다. 특히 불포화지방산 중 DHA(도코사헥사엔산)가 풍부해서 두뇌발달과 성인의 기억력 감퇴 예방에도 효과적이다. 꽁치에는 항암작용을 하는 비타민 A도 쇠고기의 4배정도 많으며, 비타민 D와 비타민 B_{12}, 칼슘, 철분도 많이 들어있어 골다공증, 빈혈 예방에도 효과적이다.

꽁치를 이용한 조리 및 음식은?

꽁치볼 : 꽁치살과 채소를 다져 동그랗게 빚은 다음 튀김옷을 입혀 튀긴 후 토마토케찹에 고추장, 설탕, 식초를 넣어 새콤달콤한 양념을 하여 조린다.

꽁치덮밥 : 꽁치는 한입 크기로 잘라 레몬즙과 생강즙을 넣어 재운다. 팬에 기름을 두르고 꽁치를 노릇하게 지지다가 육수를 넣고 끓으면 양파, 미나리, 부추를 넣고 간을 하여 밥과 함께 낸다.

꽁치지짐이 : 신 김치에 된장을 약간 넣고 뭉근히 끓이다가 꽁치를 넣고 더 끓인다.

꽁치구이 : 꽁치는 손질하여 칼집을 넣고 소금을 뿌려 석쇠에 굽는다.

꽁치구이 ▶

Q&A

Q '꽁치는 서리가 내릴 때 먹어야 한다.'는 말이 있는데 왜 그런가요?

A 꽁치의 맛을 결정짓는 지방함유량 때문이에요. 생선 중에서 지질의 양이 제일 많은 꽁치는 계절에 따라 지방 함유량이 달라요. 여름철에는 10% 전후이던 것이 가을철에는 20% 정도로 그 함량이 높아지고 겨울철에는 다시 5% 정도로 떨어져요. 따라서 꽁치가 가장 맛있는 계절은 지방 함량이 최고인 10월과 11월의 가을이지요. 또한 꽁치는 한·난류가 교차하는 곳에서 잡혀야 맛이 뛰어나다고 합니다.

Q 혹시 꽁치를 먹으면 안 되는 사람도 있나요?

A 꽁치는 지방질 함량이 많은 생선으로 위가 약한 사람이나 지질의 소화가 잘 안되는 사람은 설사를 유발할 수 있으므로 주의하는 것이 좋아요. 또 꽁치에는 요산(尿酸)의 원료인 퓨린(purin)이 많이 함유되어 있어 요산 때문에 관절에 염증을 일으킨 통풍환자, 요산 대사 이상으로 관절이 붓고 쑤시는 사람은 가능한 꽁치를 먹지 않는 것이 좋습니다.

Q 꽁치는 잔가시가 많아 가시 발라내기가 힘들어요. 가시까지 먹는 방법이 있을까요?

A 꽁치는 내장을 제거하고 소금, 후추, 정종을 뿌려 밑간을 하여 전분을 약간 넣어서 믹서기에 갈아요. 갈아놓은 꽁치에 당근, 고추 등의 채소를 다져 넣고 끈적한 반죽을 만들어 기름에 튀기거나 팬에 한 수저씩 놓고 지지면 꽁치 뼈의 씹히는 것이 없어서 어린이도 먹기 좋고 칼슘의 섭취를 높일 수 있습니다.

Q 꽁치와 과메기는 어떻게 다른가요?

A 과메기의 어원은 관목(貫目)이란 말에서 유래되었어요. 관목(貫目)이란 말을 국어사전에서 찾아보면 말린 청어, 건청어(乾魚)라고 설명하고 있는데, 관목(貫目)이 관메에서 과메기로 변천되었으리라 추정하고 있어요. 그러나 70년대 이후 청어가 생산되지 않으면서부터 청어 대신 꽁치로 과메기를 만들기 시작하여 지금은 말린 꽁치를 과메기라 하지요.

Q 꽁치에 많이 함유된 비타민 D는 구워도 효과가 있나요?

A 비타민 D는 지용성 비타민으로 지방에 잘 녹으며 가열, 공기 중의 산화에 대하여 안정하기 때문에 영양 손실이 적어요. 공기에 노출되면 산화·분해되지만, 산소가 존재하지 않는 조건에서는 130℃정도 가열해도 안정하기 때문에 꽁치를 구워먹어도 열에 의한 비타민 D의 손상은 적습니다.

꽁치 구입 및 감별법

꽁치는 눈이 선명하고 아가미는 선명한 붉은색이며 형태가 뚜렷해야 한다. 손으로 들어봤을 때 쳐지지 않고, 살을 눌러보았을 때 탄력이 있고 윤기가 있어야 한다. 꽁치의 입 주변이 노란빛을 띄고 있는 것이 좋고 배가 터지지 않은 것을 고르는데, 배 부분이 갈색으로 물든 것은 신선하지 못한 것이므로 주의하여야 한다. 생선을 구입할 때는 오전에 사는 것이 신선도가 좋다.

집나간 며느리도 돌아오게 하는 생선
전어

전어의 역사 및 유래는?

전어는 경골어류에 속하는 바닷물고기이다. 「임원경제지(林園經濟志)」에 "전어는 기름이 많고 맛이 좋아 상인들이 염장해 서울에서 파는데 귀천의 구분없이 모두 좋아했다. 맛이 뛰어나 이를 사려는 사람들이 돈을 생각하지 않기 때문에 전어(錢魚)라 했다."고 할 정도로 예부터 맛있는 생선의 대명사였다.

「자산어보(玆山魚譜)」에도 "기름이 많고 달콤하다"라고 소개하였고, "전어 굽는 냄새에 집 나간 며느리도 돌아온다", "전어는 며느리 친정 간 사이 문 걸어 잠그고 먹는다", "가을 전어는 썩어도 전어", "가을 전어 대가리에는 참깨가 서말" 등 유독 고소하고 담백한 전어의 맛과 영양에 대한 기록과 속담이 많다.

전어에 들어있는 영양소는?

종류	열량 (kcal)	수분 (%)	단백질 (g)	지질 (g)	탄수화물		회분 (g)	무기질 Ca (mg)	비타민 niacin (mg)
					당질(g)	섬유(g)			
전어	204.0	66.9	17.1	14.4	0.2	0.0	1.4	110.0	3.4

전어의 영양성분표 (100g 당)<한국영양학회 제7차 개정판>

전어는 고단백 식품으로 라이신(lysine), 트레오닌(threonine), 트립토판(tryptophan) 등과 같은 필수아미노산이 풍부하다. 등푸른 생선에 많이 함유되어 있는 DHA, EPA 등 오메가-3 지방산이 풍부하게 들어있는데 봄철 전어보다 가을철 전어에 3배 이상 많이 들어 있다. DHA와 EPA는 동맥경화 심장질환을 예방하는 불포화지방산으로 알려져 있다.

전어는 뼈째 먹을 수 있는 생선으로 칼슘섭취를 도와 골다공증 등의 예방에 도움을 주고, 비타민과 무기질이 풍부해 피로회복에 좋다. 특히 전어의 껍질에는 비타민 B2, B6, 나이아신(niacin) 등이 제법 많이 들어 있으므로 껍질과 함께 먹는 것이 좋다.

전어를 이용한 조리 및 음식은?

엽삭젓(뒈미젓) : 뼈가 연한 작은 전어 1kg에 소금 200g 정도를 켜켜이 넣어 햇빛이 안 들고 서늘한 곳에 6개월 정도 발효시킨다.

전어깍두기 : 무는 길이로 쭉쭉 갈라서 전어와 같은 길이로 자르고, 풋고추는 꼭지를 붙인 채 씻는다. 전어와 무, 풋고추, 다진 마늘과 생강, 채 썬 대파와 굵은 고춧가루를 넣어 전체를 고루 버무리고 항아리에 담아서 위를 꼭꼭 누른 다음 절인 배추나 무청으로 덮어서 시원한 곳에서 익힌다.

전어회무침 : 전어를 뼈째 굵게 채 썰어 깻잎, 부추, 풋고추, 당근을 넣고 고춧가루에 새콤하게 무친다.

전어매운탕 : 냄비에 물을 붓고 된장을 약간 풀어 무를 나박썰어 넣는다. 끓기 시작하면 손질한 전어를 넣고 고춧가루, 마늘, 파를 넣고 간을 한다.

전어무조림 : 전어는 손질하여 무를 썰어 넣고 간장 양념하여 조려낸다.

전어무조림 ▶

Q & A

Q 가을전어가 최고의 맛이라던데 정말 그런가요?

A 전어는 가을에 살이 오르고 지방질이 풍부해서 가을 전어가 제일 맛있다고 해요. 전어는 봄에 알을 낳아 부아한 새끼가 여름 내내 플랑크톤과 유기물을 섭취한 뒤 가을이 되면 성장하는데, 이때 지방 성분이 1년 중 최고조에 이르고 뼈가 부드러워 진다고 해요. 찬바람이 불면 월동을 위해 남쪽으로 내려가기 때문에 겨울을 나기 위해 몸에 영양분을 저장하여 가을철에 그 맛과 영양이 최고조에 오른다고 합니다.

Q 전어는 맛도 맛이지만 한방에서도 높이 평할 만큼 영양도 풍부하다면서요?

A 한방에서는 전어가 소변 기능을 도와주고 아침마다 온몸이 붓고 팔다리가 무거운 증상을 해소하는데 도움을 준다고 해요. 또 위를 보하며 장을 깨끗하게 한다고 알려져 있어요. 전어는 단백질, 비타민, 미네랄이 풍부하고 숙취를 제거할 뿐 더러 피부미용에도 효과가 있고 손발 저림, 당뇨병, 고혈압, 심장질환, 관절염, 치매예방에도 효과가 있는 것으로 알려져 있답니다.

Q 밤젓이라 불리는 전어창자는 술안주로 애주가들에게 큰 인기라면서요?

A '밤젓'은 전어 창자로 만든 젓갈로 그 이름처럼 밤과 같이 아주 맛이 좋다고 합니다. 특히 바닷가에 사는 사람들에게는 인기 있는 젓갈이지요. 기름기가 적고 맛이 담백하여 좋아 밑반찬으로 많이 이용되며 옛날부터 소화제로 각광받고 있습니다.

秋

Q 전어는 뼈째 그대로 회를 떠서 먹는 게 좋다고 하는데 가시가 위험하지 않나요?

A 전어는 잔뼈가 많다는 단점을 가지고 있는 반면 뼈가 다른 생선에 비해 물러 뼈째 섭취하기에 큰 어려움은 없어요. 그래서 전어가 나는 산지에서는 비늘을 벗겨낸 뒤 뼈째로 도톰하게 회로 썰어 먹기도 하고 채소와 무치기도 해요. 뼈가 가늘고 잔뼈가 많은 생선들은 뼈째 먹으면 칼슘 섭취가 더 용이합니다.

Q 전어를 조리할 때 비린내 제거방법에 대해 알려주세요.

A 소금물에 약 5분간 담갔다가 조리하거나 술, 식초 등을 넣고 조리하면 전어의 비린내를 없앨 수 있어요. 특히 구울 때는 2% 가량의 소금을 20~30분 전에 뿌려 놓았다가 술에 적셔서 구우면 생선의 표면이 단단해지므로 부서지지 않고 비린내도 제거할 수 있습니다.

전어 구입 및 감별법

전어 몸의 등 쪽은 암청색, 배 쪽은 은백색을 띠며, 등 쪽의 비늘에는 가운데에 각각 1개의 검은색 점이 있어 마치 세로줄이 있는 것처럼 보인다. 산란을 마친 전어는 벼가 익을 무렵이면 뼈가 부드러워지고 살이 통통하게 오르는데 지방함량이 봄이나 겨울에 비해 최고 3배나 높아져 맛도 최고조에 올라 11월 까지 황금기를 유지한다.

진시황이 찾았던 불로장생
전 복

전복의 역사 및 유래는?

　　　전복은 전복과에 속하는 조개류로, 한자어로 복(鰒) 또는 포(鮑)라 한다. 맛과 영양이 특별하여 복어(福漁)라고도 한다. 우리나라, 일본, 중국 등지에서 식용하는데, 중국에서 우리나라의 봉래섬(제주도의 옛 이름)까지 와서 전복을 따가지고 진시황에게 진상할 정도로 불로장생 식품으로 꼽힌다. 신석기 시대 조개더미에서 전복껍질이 출토된 것으로 보아 식용의 역사가 오래된 것으로 보이는데 전복은 조선시대 임금의 수라상에도 오르는 식품 중에서도 가장 귀한 대접을 받은 식품이었다.

전복에 들어있는 영양소는?

종류	열량 (kcal)	수분 (%)	단백질 (g)	지질 (g)	탄수화물		회분 (g)	비타민		
					당질(g)	섬유(g)		A (R.E)	B$_1$ (mg)	niacin (mg)
전복(생 것)	79.0	80.6	12.9	0.7	4.7	0.0	1.50	7.0	0.19	1.4

전복의 영양성분표 (100g 당)<한국영양학회 제7차 개정판>

전복은 지질의 함량은 낮으면서 단백질과 칼륨, 칼슘, 인 등의 무기질과 비타민 A, 비타민 B$_1$, 비타민 B$_2$, 나이아신 등의 비타민이 풍부하다. 전복은 스테미나 식품으로 오랫동안 사랑받아 왔는데 이는 전복에 1520mg/100g나 들어 있는 아르기닌(arginine)이라는 아미노산 때문이다. 아르기닌은 정액의 주성분이며, 간 기능을 회복시켜 피로회복을 돕는다. 그 밖에 메티오닌, 시스테인 등의 함황아미노산이 많아 피로 회복과 병후 원기회복에 유익하고, 간의 해독작용을 도와 회복기 환자에게 좋다.

전복을 이용한 조리 및 음식은?

게우젓 : 전복의 창자만 모아서 소금에 버무려 저장해 두고 꺼내 먹을 때마다 파, 마늘, 깨소금, 참기름 등을 양념하여 무친다.

전복죽 : 전복은 모양을 살려 저며 썬다. 냄비에 참기름을 두루고 쌀과 전복을 넣고 볶다가 물을 넣고 약불에 끓인다.

전복물김치 : 싱싱한 전복을 길게 칼집을 넣고 무, 파, 마늘, 생강, 유자 등을 채 썰어 칼집사이에 넣고 소금물을 부어 익힌다.

전복초 : 전복을 앞뒤로 잔 칼집을 넣고 양념간장을 만들어 졸이다가 파, 마늘, 생강을 넓적하게 썰어 넣고 윤기 나게 조린다.

전복초▶

Q&A

Q 전복과 우유가 궁합이 잘 맞는 식품이라고 하는데요. 그 이유가 궁금하네요?

A 전복을 삶을 때 무와 함께 삶아서 식힌 다음 우유에 담가 두면 부드러움을 유지할 수 있어 좋아요. 우유는 양질의 단백질을 가지고 있어 상호 단백질이 접촉됨으로써 전복 성분의 손실 없이 조직을 부드럽게 하므로 단단한 전복을 부드럽고 맛있게 먹기 위해서는 우유를 사용하는 것이 비결입니다.

Q 눈이 침침할 때 전복을 먹으면 좋다고 하는데, 맞는 말인가요?

A 전복은 눈이 침침하고 뻑뻑한 시신경의 피로증세를 가라앉히는 데 탁월한 효능이 있어요. 한방에서는 전복의 껍질을 석결명(石決明)이라 하여 결막염과 백내장 등에 치료약으로 쓰고 있지요. 전복을 말리면 오징어처럼 표면에 흰 가루인 타우린이 생기는데, 타우린에도 시력회복에 효과가 있어 눈이 침침할 때 먹으면 좋습니다.

Q 전복은 암컷과 수컷이 있는데, 어떻게 다른가요?

A 전복의 암컷은 붉은색 이고 육질이 연하므로 죽이나 찜, 조림, 구이 등의 익히는 조리에 적합하며 내장은 진한녹색이에요. 반면 수컷은 청흑색이고 암컷에 비해 모양은 작지만 육질이 단단하며 몸이 오돌오돌 하므로 회나 초무침 등 날것으로 먹는 것이 좋고 내장은 노란색입니다.

Q 자연산 전복과 양식전복은 어떻게 다른가요. 또 영양면에는 어떤 차이가 있나요?

A 흔히 자연산 전복이 좋다고 하고 값도 비싼데 그것은 영양면이나 맛이 좋은 것은 아니고 생산량이 적어 희소성에서 나온 말입니다. 자연산은 우뭇가사리 등의 홍조류를 먹고 살아서 색이 붉으스름하고 살이 딱딱해요. 반면 양식전복은 다시마, 미역 등을 먹고 살아서 색이 푸르스름하고 살이 연합니다.

Q 전복과 오분자기 구별하는 법은 무엇인가요?

A 전복은 오분자기에 비해 몸체가 크고 출수구라 불리는 호흡구멍이 4~5개이며, 출수구의 모양이 껍질위로 나와 있어요. 반면, 오분자기는 전복보다 몸체가 작으면서 출수구가 7~8개로 전복보다 많은데, 출수구가 밋밋한 편이에요. 오분자기는 전복의 일종이라고 하지만 아무리 큰 것이라도 길이가 7~8cm를 넘지 못하는 성장한계로 인해 전복보다 작아요. 그러나 영양가도 전복과 비슷하며 오분자기의 살은 회갈색을 띠고 부드러워 감칠맛이 납니다.

전복 구입 및 감별법

껍질 바깥으로 전복이 약간 빠져나와 있는 것이 싱싱한 것이며, 전복의 껍질과 살에 상처나 흠집이 없어야 하고 통통하게 살이 찐 것이 좋다. 전복은 한 마리당 140~150g 전후 정도의 크기면 상품으로 전복 크기가 클수록 껍질에 비해 살이 많으며 값도 비싸다. 그러나 자연산은 너무 크면 질겨서 회감으로는 적당하지 않다.

양기를 북돋아 주는 최고의 강장식품
새 우

새우의 역사 및 유래는?

새우는 갑각류 중 장미류에 속하는 절지동물이다. 한자어로 하(蝦, 鰕)라 하고, 물 속에서 움직일 때 허리의 구부리는 모양을 노인에 비유하여 '해로(海老)'라고도 부른다. "바다의 어른"이라는 별명도 갖고 있는데, 이는 몸길이의 2~3배나 되는 긴 수염을 가지고 있기 때문이다.

새우는 전 세계적으로 이용하는 식품으로 우리나라에서도 오랫동안 애용하였다. 「자산어보(玆山魚譜)」에 "맛이 매우 달콤하다"라고 소개된 새우는 옛부터 총각은 삼가해야 한다는 말이 생길 정도로 양기를 북돋아 신장을 강하게 하는 강장식품으로 알려져 있다.

새우에 들어있는 영양소는?

종류	열량(kcal)	수분(%)	단백질(g)	지질(g)	탄수화물		회분(g)	무기질
					당질(g)	섬유(g)		Ca (mg)
대하	93	78.1	18.0	1.3	0.2	0.0	1.5	69.0
중하	94	77.2	20.1	0.9	0.1	0.0	1.7	77.0
건새우(말린새우)	288	18.4	57.7	3.4	3.7	0.0	16.3	210.0

새우의 영양성분표 (100g 당)〈한국영양학회 제7차 개정판〉

새우는 지방이 낮으면서 단백질, 칼슘이 풍부한 최고의 스태미너 식품으로 「본초강목」에서는 양기를 양성하게 하는 식품으로 일급에 속한다고 하였다. 말린 새우의 경우, 단백질이 약 57%로 다른 식품에 비해 월등히 높은 함량이며 라이신(lysine), 메치오닌(methionine) 등과 같은 필수 아미노산이 풍부하다.

특히 새우의 독특한 단맛을 내는 글리신(glycine)이 100g 중 1,000mg 이상 함유하고 있는데 가을에서 겨울철에 글리신 함량이 가장 높아 이때가 맛이 가장 좋다. 또한 새우는 치아와 골격 형성을 돕는 칼슘의 함량이 많은데, 말린 새우는 우유에 비해서도 2배 이상 많다. 다른 생선에 비해 새우는 콜레스테롤이 높기는 하지만 혈중 콜레스테롤을 감소시키는 타우린과 키틴의 함량도 높아 걱정할 필요는 없다.

새우를 이용한 조리 및 음식은?

새우잣즙무침 : 새우를 껍질 째 꼬지를 끼워 김 오른 찜솥에 쪄서 살만 포 떠 오이, 쇠고기 편육, 배와 함께 잣가루, 소금, 육수, 참기름을 섞은 잣집으로 무친다.

대하찜 : 대하는 머리 떼고 살을 빼내어 잔새우살과 함께 다져 양념을 넣고 섞어 다시 새우 껍질 속에 넣어 모양을 내서 찜통에 찐다.

새우완자탕 : 새우를 다져 소금, 후추를 넣고 완자를 빚어 밀가루, 달걀을 씌워 육수에 넣고 살짝 끓인다.

보리새우볶음 : 마른 보리새우를 손질하여 팬에 식용유를 두르고 살짝 볶다가 고추장 양념을 넣고 볶아 통깨와 참기름을 넣는다.

◀ 새우잣즙무침

Q 새우를 무척 좋아하는데 콜레스테롤이 많이 들어있다고 해서 좀 꺼려져요. 새우에는 콜레스테롤이 얼마나 들어있으며, 콜레스테롤 수치를 낮추는 방법을 알려주세요.?

A 새우에 포함된 콜레스테롤은 먹어도 좋은 콜레스테롤이므로 걱정할 정도는 아닙니다. 콜레스테롤은 우리 몸을 구성하는 세포막의 주요성분으로서 1일 영양소 섭취기준량은 300mg으로 성인은 일정량을 반드시 섭취해야 해요. 그러나 새우를 튀기거나 고지방식품과 함께 먹으면 혈중 콜레스테롤을 상승시키기 때문에 오븐에 구워먹거나 찌거나 삶는 조리법을 사용하는 것이 좋아요. 또한 새우는 표고버섯과 함께 먹으면 콜레스테롤치를 떨어뜨려주는 역할을 합니다.

Q 새우는 어떤 식품과 잘 어울리나요?

A 새우는 단백질을 비롯한 영양소가 풍부하고 비타민 B복합체가 풍부하여 강장효과가 있습니다. 그러나 비타민 C가 부족하지요. 흔히 아욱에 새우를 넣어 아욱국을 끓이는데 아욱은 채소 중에 영양가가 뛰어나지만 필수아미노산이 부족해요. 그래서 아욱의 풍부한 비타민 A, C와 새우의 풍부한 필수 아미노산이 만나 맛과 함께 영양적으로 조화를 이루게 됩니다.

Q 새우와 대하는 어떻게 다른가요?

A 새우는 보리새우, 참새우, 차새우, 젓새우, 민물새우 등이 있고 크기에 따라 대하, 중하, 소하로 나뉘는데요. 다 자란 뒤 길이가 25cm정도가 되는 왕새우를 '대하' 라고 하고, 15cm 이하면 중하로 분류해요. 대하와 비슷한 것이 보리새우인데 대하는 무늬가 없고 회색을 띠는 반면 보리새우는 호랑이 무늬 같은 줄이 나 있는 것이 특징이에요. 대하는 맛이나 영양적으로 가장 우수한데, 숫대하보다는 암 대하의 크기가 크고 소비자들이 선호하기 때문에 값이 비싼편입니다.

Q 새우젓의 다양한 이름을 알고 싶어요?

A 우리나라에서는 오래 전부터 작은 새우로 새우젓을 담가 왔는데, 5월에 담근 젓을 오젓, 6월에 담근 젓을 육젓, 가을에 담근 젓을 추젓이라 하며, 작고 연한 곤쟁이로 담근 젓을 곤쟁이젓, 민물새우로 담근 젓을 토하젓이라 합니다.

Q 새우를 손질하다 보면 찔리기도 하고 어떻게 해야 할지 모르겠어요. 새우의 손질법에 대해 알려주세요?

A 물에 소금을 조금 넣은 후 새우를 살살 흔들어 씻어 두 번째 마디 사이에 꼬지를 넣어 검은 내장을 빼내고 새우 머리를 오른손으로 비틀러 떼어내요. 꼬리 바로 위 삼각형 모양으로 생긴 뾰족한 부분은 물이 고여 있으므로 가위로 잘라내고 꼬리 끝에도 검붉은 색에 물이 고여 있으므로 도마에 대고 칼끝으로 긁어냅니다.
한마디씩 껍질을 벗기고, 가열하면 배 쪽의 근육이 수축되므로 배 쪽에 칼집을 넣어 힘줄을 끊어 주고 꼬리 쪽에서 머리 쪽으로 꼬지를 끼워 주면 새우가 반듯하게 됩니다.

새우 구입 및 감별법

새우는 껍질이 약간 단단하고 투명감이 있으며 윤기가 있어야 한다. 또한 머리가 달려있어야 한다. 머리부분이 검거나 전체가 불투명한 것은 피해야 한다. 냉동새우를 살 경우는 표면이 건조하거나 붉은 갈색으로 변한 것은 좋지 않다.

누운 소도 일어나게 하는 힘
낙지

낙지의 역사 및 유래는?

낙지는 팔완목 낙지과의 연체동물로 한자어로 석거(石距), 장어(章魚), 낙제(絡蹄)라고 한다. 「자산어보(玆山魚譜)」에 "낙지는 빛깔은 하얗고 맛은 감미로우며, 회나 국 및 포에 좋다. 이를 먹으면 사람의 원기를 돋운다. 말라빠진 소에게 낙지 서너 마리를 먹이면 곧 강한 힘을 갖게 된다." 라 하였다.
낙지는 예로부터 강장식품으로 널리 이용한 것으로 보이는데, "봄 주꾸미, 가을 낙지"라는 말이 있듯이 낙지는 4~5월에 산란하여 가을에서부터 겨울까지 맛이 좋다.

낙지에 들어있는 영양소는?

종류	열량 (kcal)	수분 (%)	단백질 (g)	지질 (g)	탄수화물		회분 (g)	무기질		
					당질 (g)	섬유 (g)		Ca (mg)	K (mg)	Fe (mg)
낙지	53.0	87.0	11.1	0.5	0.2	0.0	1.20	18.0	177.0	0.7
세발낙지	55.0	86.6	11.5	0.6	0.1	0.0	1.20	15.0	273.0	0.5

낙지의 영양성분표 (100g 당) <한국영양학회 제7차 개정판>

　　　　낙지는 단백질과 철분, 칼슘 등의 무기질이 풍부한 강장식품이다. 특히 타우린(taurin)이 많은데 타우린은 함황아미노산으로 문어, 오징어, 소라, 바지락, 새우 등에 많이 들어 있다. 타우린은 낙지에 많은 콜레스테롤을 낮추고 간의 해독 작용을 도우며 신진대사를 왕성하게 하여 정력을 증가시키고 시력보호, 빈혈예방 효과가 있다.
「동의보감(東醫寶鑑)」에서는 '성이 평(平)하고 맛이 달며 독이 없다.'고 하고 「본초서(本草書)」에서는 '낙지는 위장을 튼튼하게 해주고 오장을 편안하게 하고 보혈 강장 효과가 있으며 뼈를 튼튼하게 하고 허로에 좋다.'고 기록되어 있다.

낙지를 이용한 조리 및 음식은?

낙지스파게티 : 잘 손질한 낙지를 끓는 물에 살짝 데쳐서 먹기 좋은 크기로 자른 후 고추장 양념장에 볶아 스파게티에 올려 먹는다.

낙지연포탕 : 다시마 육수에 채 썬 양파와 무를 넣고 끓이다가 매운 고추와 파, 마늘을 넣고 소금 간하여 낙지를 넣고 살짝만 끓인다.

낙지볶음 : 낙지는 살짝 데쳐 썰고 양파, 청홍고추는 어슷 썰어 고추장과 고춧가루에 파, 마늘, 설탕으로 양념해 볶는다.

낙지쑥갓강회 : 낙지는 손질하여 데치고 달걀은 황백 지단을 부치고 홍고추, 쑥갓 등을 4cm 정도로 썬다. 모든 재료를 한 개씩 놓고 데친 미나리로 감아 접시에 담고 초고추장을 곁들인다.

▶ 낙지연포탕

Q&A

Q 낙지와 궁합이 맞는 식품은 무엇인가요?

A 낙지에는 콜레스테롤이 많이 들어있다고 알고 있는데 나쁜 콜레스테롤을 분해하는 좋은 콜레스테롤과 타우린이 풍부하기 때문에 걱정할 필요가 없어요. 낙지는 표고버섯과 음식궁합이 잘 맞는데 표고버섯이 낙지의 콜레스테롤을 낮추는 역할을 하기 때문에 낙지와 표고를 함께 넣어 탕을 끓이거나 죽을 만든다면 알찬 영양식이 될 것입니다.

Q 낙지와 주꾸미는 비슷하게 생겼잖아요. 낙지와 주꾸미를 잘 구별 못하겠는데, 어떻게 다른가요?

A 낙지는 머리부분에 비해 다리가 굵고 길며 약간 투명해 보이고 다리가 머리에 비해 3배 이상 길고요 주꾸미는 머리 부분이 크고 다리가 짧고 가늘며 다리사이에 물갈퀴처럼 생겼어요. 낙지는 겨울을 나고 이듬해 봄에 알을 품기 위해 영양분을 잔뜩 몸안에 비축하고 있기 때문에 가을낙지가 가장 맛이 있고, 주꾸미는 2~5월이 제철이고 봄이 더 맛있어요. 맛은 낙지가 연하고요 주꾸미는 질긴 편으로 낙지가 훨씬 더 담백합니다.

Q 낙지와 세발낙지는 다른 종류인가요. 궁금해요?

A 세발낙지는 낙지의 새끼로써 발이 3개라는 뜻이 아니라, 발이 가늘고 작기 때문에 가늘 세(細)를 써서 붙여진 이름으로 여름에 산란한 낙지가 찬바람이 부는 가을이 오면 한 입에 먹기 좋은 만큼 자란 것입니다.

Q 낙지는 여러 종류가 있는데 어떤 것이 있는지 궁금해요?

A 낙지에도 여러종류가 있는데 뻘낙지는 순수한 개펄에서 나는 것으로 피부가 순전히 뻘 색깔이고, 갯벌에서 기름진 플랑크톤과 갯지렁이 등을 먹고 자라서 영양가가 풍부하고 맛이 좋아요. 전남 신안군 섬에서 많이 나는데, 압해도의 뻘낙지는 맛이 좋기로 특히 유명하죠.
바위낙지는 남해안 일대에서 많이 나는데 뻘낙지가 개펄구멍에서 나와 오랫동안 바위에 붙어 산 것으로 색깔이 바위색을 닮아서 붉으스레합니다. 꽃낙지는 봄에만 잠깐 나오는 것으로 크기가 작고 부드럽고 꽃처럼 몽싱몽실하여 꽃낙지라고 합니다.

Q 낙지 손질법과 보관법을 알려주세요?

A 손질법은 낙지 머리를 젖히고 길게 칼집을 넣어 먹통과 내장을 떼어내고 빨판을 긁어낸 다음 굵은 소금을 뿌려 거품이 나도록 바락바락 주물러 물에 여러 번 씻어야 해요. 보관 할 때는 손질하여 팩에 넣어 냉동 보관하는 것이 좋아요.

낙지 구입 및 감별법

낙지를 고를 때는 눈이 툭 튀어나와 있고 몸에 탄력이 있으면서 미끈거리지 않는 것이 싱싱한 것이다. 국산은 몸 빛깔이 회백색 또는 회색이고 다리가 가늘고 흡반이 작은 편이며 대부분 살아 있는 상태로 유통되고 있다. 반면 수입산은 몸 빛깔은 같지만 다리가 굵고 흡반이 대체로 큰 편이며 대부분 냉장 또는 냉동 상태로 유통되고 있다.

겨울에는 기온이 급격히 낮아지기 때문에 체온을 빼앗기는 것을 막기 위하여 우리의 몸은 혈관이 수축되고 혈압이 상승하기도 하며, 근육이 수축되기도 한다. 이때 에너지의 소모도 함께 늘어나게 되어 기초대사량이 증가하는 반면 활동량은 줄어들게 된다. 추위를 잘 타는 노약자는 각종 순환기 질병에 노출되기 쉽기 때문에 옷을 따뜻하게 입어야 하고, 몸을 많이 움직여서 약간의 땀을 배출하여 수축된 혈관을 확장시켜 주어야 한다.

겨울철에 몸을 보호하려면 열량이 높은 음식을 섭취하는 것이 좋다. 그러나 성인병 환자의 경우에는 이러한 음식이 혈액 속에서 콜레스테롤을 높이는 원인이 되므로 유의해야한다. 겨울철에 좋은 식품으로는 김, 매생이 등의 해조류와 굴, 홍합, 꼬막, 해삼, 참치 등의 어류가 있는데 이때가 가장 영양가가 높고 맛도 좋다. 겨울에는 신선한 채소를 섭취하기 어렵기 때문에 비타민을 공급하기 위해 귤, 유자 등을 먹는 것이 좋다.

사·계·절·제·맛·내·는·식·재·료

알고 먹으면 좋은
우리 식재료

겨울

겨울에 먹어야 제맛이 살고 몸에 약이 되는 음식 !

묵·콩나물·마·귤·유자·돼지고기·명태·참치·홍어·꼬막·굴·홍합·해삼·김·매생이

다이어트 식품

묵

묵의 역사 및 유래는?

묵은 곡식 또는 나무열매나 뿌리 따위를 맷돌이나 분쇄기에 갈아서 가라앉힌 후 그 앙금을 물과 함께 죽 쑤듯이 되게 쑤어 식혀서 굳힌 것으로 우리나라 고유의 전통음식이다. 묵은 포(泡), 묵(繹) 등으로 불리워졌다. 묵을 언제부터 식용했는지 정확히 알 수 없으나 도토리묵의 주재료인 도토리가 신석기시대의 유적지에서 출토된 것으로 보아 묵의 역사가 상당히 오랜 된 것으로 보인다. 묵의 종류는 도토리묵, 메밀묵, 청포묵 등 재료에 따라 다양하다. 지금은 계절에 상관없이 먹지만 청포묵은 봄, 올챙이묵은 여름, 도토리묵은 가을, 메밀묵은 겨울에 먹어야 제격이다.

묵에 들어있는 영양소는?

종 류	열량(kcal)	수분(%)	단백질(g)	지질(g)	탄수화물		회분(g)
					당질(g)	섬유(g)	
도토리묵	43.0	89.3	0.2	0.2	10.1	0.1	0.1
메밀묵	58.0	84.5	1.7	0.2	12.8	0.2	0.6
청포묵	37.0	90.8	0.3	0.0	8.9	0.1	0.1

묵의 영양성분표 (100g 당)〈한국영양학회 제7차 개정판〉

묵은 수분함량이 80% 이상으로 열량이 적으면서 포만감을 주는 다이어트 식품이다. 도토리, 메밀, 녹두 등 묵의 재료는 약리적인 효과가 있는데, 도토리는 피로회복 및 숙취해소에 좋고 당뇨 등 성인병에도 좋다. 특히 도토리 속에 함유된 아콘산(acomicacid)은 인체 내부의 중금속 및 여러 유해물질을 체외로 배출시키는 작용을 한다.

메밀은 루틴(rutin)이 모세혈관의 투과성을 억제하여 약해지는 것을 방지하며 장과 위를 튼튼하게 하고 정신을 맑게 한다. 청포묵을 만드는 녹두는 성질이 차고 해열 및 해독에 효과가 있고, 피부미용에 좋다.

묵을 이용한 조리 및 음식은?

말린도토리묵볶음 : 말린 도토리묵은 물에 불리고 쇠고기, 양파, 청홍고추는 굵게 채 썰어 준비한다. 팬에 기름을 두르고 고기를 볶다가 도토리묵과 채소를 넣고 간장양념을 넣고 볶다가 참기름을 넣는다.

메밀묵무침 : 메밀묵은 썰어 소금, 참기름에 무치고 김치는 송송 썰어 설탕, 깨소금, 참기름에 무쳐 메밀묵과 섞는다.

올챙이묵 : 옥수수 알을 물에 담가 충분히 불려 물을 계속 부으면서 맷돌에 간다. 고운 체 또는 자루에 담아 짜서 녹말을 가라앉힌다. 맑은 물을 따라내고 앙금과 녹말가루를 합한 것에 물을 5배 부어서 섞는다. 중불 위에 올려 계속 저으면서 묵을 쑨다. 주걱으로 가운데에 세워 쓰러지지 않을 정도가 되면 불을 끄고 구멍이 있는 틀에 쏟아 밑에 냉수를 받은 자배기에 대고 흔든다. 뜨거운 풀이 냉수에 떨어지면서 올챙이처럼 굳는 모양이 생긴다.

탕평채 : 청포묵은 가늘게 채 썰어 소금, 참기름에 무친다. 쇠고기는 채 썰어 간장 양념하여 볶고, 미나리, 숙주는 데쳐서 소금 양념한다. 준비된 재료와 깨소금, 참기름, 식초를 넣고 김

메밀묵무침 ▶

Q 묵이 다이어트에 좋은가요?

A 밥 한 공기(약 210g)가 300kcal인 것을 기준으로 보면 묵의 칼로리는 100g 당 약 40~60kcal 정도에요. 메밀묵, 청포묵 등은 수분비율이 85~90% 정도 되기 때문에 칼로리는 비슷해요. 묵은 칼로리는 낮고 포만감이 커서 배부른 느낌을 주기 때문에 다이어트에 좋은 식품입니다.

Q 묵을 만드는 원리는 무엇인가요?

A 묵은 메밀, 녹두, 도토리 등을 물에 불려 갈아서 앙금을 내어 윗물은 버리고 가라앉은 전분만 말린 다음 가루를 내어 풀 쑤듯이 쑤어 식힌 음식이에요. 묵은 전분에 물을 넣고 가열하여 끓으면 전분이 열에 의해 걸쭉하게 호화되요. 걸쭉해진 전분을 식히면 다시 굳어지면서 칼로 썰 수 있을 정도가 되면 묵이 완성된 것으로 쫀득한 맛을 즐길 수 있게 되지요. 이것은 전분이 열에 의해 호화되고 식으면 다시 굳어 겔화되는 원리입니다.

Q 묵을 집에서도 만들 수 있나요?

A 묵의 재료로 쓰일 수 있는 각종 전분가루를 구입해서 사용할 수 있어요. 도토리가루, 청포가루, 메밀가루를 구입해서 가루 1컵, 찬물 6컵을 준비하여 섞은 후 서서히 끓이기 시작합니다. 끓기 시작하면 양에 따라 5~10분간 약한 불로 충분히 더 끓여서 뜸을 들인 후 묵을 적당한 용기에 담아 자연 응고시킨 후 썰어서 양념과 같이 먹으면 됩니다.

Q 도토리묵과 감은 궁합이 안 맞는 식품이라고 하는데 왜 그런가요?

A 도토리는 주성분이 녹말이고 특수성분으로 탄닌이예요. 도토리묵을 먹고 후식으로 감이나 곶감을 먹는 것은 좋지 않아요. 감이나 곶감에도 떫은맛을 못 느끼는 불용성 탄닌이 존재하기 때문이지요. 이와 같이 탄닌이 많은 식품을 곁들여 먹으면 변비가 심해질 뿐 아니라 적혈구를 만드는 철분이 탄닌과 결합해서 빈혈증이 나타나기 쉬워요. 그러므로 도토리묵과 감은 궁합이 안 맞는 식품입니다.

Q 냉장고 속에 들어있는 묵, 맛있게 먹는 방법에 대해 알려주세요?

A 묵은 오래 두면 다시 노화되는 현상이 있기 때문에 먹을 만큼만 직접 집에서 만들거나 구입하는 게 가장 좋지만, 그렇지 못할 경우에 구입해서 쓰고 남은 것은 랩에 싸서 냉장보관을 하여 먹을 때 끓는 물에 1~2분정도 데치면 탄력이나 투명한 빛깔이 다시 살아나요. 묵의 떫은맛을 없애려면 물에 담가두거나 조리 시에 식초를 넣어 신맛을 주게 되면 떫은맛을 줄일 수 있습니다.

묵 구입 및 감별법

묵은 손가락으로 누르면 탄력 좋게 눌린 자리가 바로 원상태로 돌아가고 살짝 두드리면 탱탱하게 탄력이 있으며 색이 말갛고 투명한 것이 좋은 녹말로 만든 것이다. 메밀묵은 색이 일정하며 툭툭 끊어지는 것이 좋은 메밀로 만든 것이고, 도토리묵은 연한 갈색이 나며 손으로 만졌을 때 하늘하늘한 탄력이 있어야 한다. 청포묵은 색이 하얗고 투명한 것이어야 하고 올챙이묵은 노릇하고 뿌연 색감이 난다.

아스파라긴이 풍부한 숙취해소제

콩나물

콩나물의 역사 및 유래는?

콩나물은 시루처럼 구멍이 있는 그릇에 콩을 담아 어두운 곳에서 물을 주어 발아시킨 것이다. 콩이 싹튼다는 뜻으로 '두아(豆芽)' 또는 '두아채(豆芽菜)라고 불렀는데, 예로부터 우리나라와 중국에서 이용하였다. 언제부터 우리나라에서 이용하였는지 알 수는 없으나, 고려 왕건이 나라를 건국할 때 잦은 전쟁으로 군사들의 식량이 부족하고 질병에 시달릴 때 냇가에 콩나물을 담가 두었다가 배불리 먹게 해 주었다고 한다.

고려 고종 때 「향약구급방(鄕藥救急方)」에 "콩을 싹 틔워 햇볕에 말린 대두황(大豆黃)이 약으로 이용된다"는 기록과 조선시대 문헌인 「성호사설(星湖僿說)」, 「청장관전서(靑莊館全書)」의 기록으로 보아 콩나물은 오랫동안 약과 구황식으로 이용된 것으로 보인다.

콩나물에 들어있는 영양소는?

종류	열량(kcal)	수분(%)	단백질(g)	지질(g)	탄수화물		회분(g)	비타민 C (mg)
					당질(g)	섬유(g)		
콩나물	30.0	90.7	5.0	1.4	1.6	3.28	0.70	8.0

콩나물의 영양성분표 (100g 당)<한국영양학회 제7차 개정판>

콩나물에는 비타민 B, C와 단백질, 무기질이 풍부하다. 싹이 트면서 콩에 없던 비타민 C가 증가하는데, 콩나물 200g이면 비타민 C의 하루 필요량을 충족시킨다. 비타민 C가 부족해지기 쉬운 겨울, 콩나물은 비타민 C의 공급원이면서 감기를 예방하는 좋은 식품이다.

콩나물국은 대표적인 해장국으로 이는 콩나물에 함유된 아미노산의 일종인 아스파라긴(asparagin)이 알코올 분해를 촉진하는 것으로 알려져 있다. 한방에서는 콩나물 말린 것을 '대두황권'이라고 하는데 부종과 근육통을 다스리고 위 속의 열을 없애주는 효과가 인정되어 약용으로 쓰여 왔으며 우황청심환의 재료로도 사용된다.

콩나물을 이용한 조리 및 음식은?

콩나물김치 : 콩나물을 살짝 데쳐 고춧가루, 파, 청홍고추에 넣어 버무린다. 여기에 콩나물 데친 국물을 넣고 소금간 하여 익힌다.

콩나물겨자채 : 삶은 콩나물, 편육, 실파, 달걀지단, 마늘을 채 썰어 함께 섞은 뒤 겨자즙으로 무친다.

콩나물볶음 : 콩나물을 다듬어 기름을 두르고 재빨리 볶은 다음 뚜껑을 닫는다. 김이 나고 비린내가 나지 않으면 뚜껑을 열고 간장양념을 넣고 볶아 마지막에 파, 깨소금을 넣어 섞는다.

콩나물국밥 : 뚝배기에 밥을 넣고 양념한 콩나물과 멸치국물을 넣고 끓인 후 송송 썬 김치, 대파, 청홍고추를 넣고 살짝 끓여 새우젓으로 간을 한다.

콩나물김치 ▶

Q & A

Q 콩나물과 궁합이 잘 맞는 음식에는 어떤 것이 있을까요?

A 선짓국에 콩나물을 넣는 것은 매우 좋은 궁합이라 할 수 있어요. 선지는 고단백식품으로 철분 함량도 높은 편이지만, 많이 먹으면 변비에 걸릴 염려가 있지요. 반면 콩나물에는 비타민과 미네랄이 풍부할 뿐 아니라 식이섬유소가 가득 들어 있어 변비를 예방해 주므로 선짓국에 콩나물을 넣는 것은 매우 좋은 음식궁합입니다.

Q 콩나물과 숙주나물은 생김새도 비슷하고 맛도 그리 다르지 않은데 무슨 차이가 있나요?

A 콩나물과 숙주나물은 비슷하게 생겼지만 콩나물은 콩(쥐눈이콩, 검은콩)을 불려 싹을 틔운 것이고, 숙주나물은 녹두를 불려 싹을 틔운 것이지요. 숙주나물은 녹두에 비해 비타민 A가 2배, 비타민 B가 30배, 비타민 C가 14배 정도 더 들어 있습니다.

Q 콩나물을 살짝 데칠 때, 미리 뚜껑을 열면 비린 맛이 나게 되고, 너무 익히게 되면 맛이 없기 때문에 적당하게 익히는 것이 참 까다롭습니다. 콩나물을 익힐 때 어느 정도 익혀야 적당한가요?

A 콩나물은 열에 매우 약한 식품으로 잘못 요리하면 비린내가 나기 쉬워요. 이는 콩나물에 있는 '리폭시게나제(lipoxygenase)'라는 효소 때문인데, 콩나물을 데칠 때 끓기 전에 뚜껑을 열면 비린내가 나게 되지요. 콩나물의 비린내를 없애려면 소금을 넣은 뒤 뚜껑을 닫고 데쳐야 해요. 그 이유는 순수한 물은 100℃에서 끓지만 소금이 들어가면 100℃보다 높은 온도에서 끓기 때문에 효소가 빠져나오지 않아 비린내가 나지 않는 것이에요.
또 높은 온도의 물에서 콩나물을 조리하면 단 시간 안에 조리할 수 있어 좋아요. 콩나물은 오래 익힐수록 비타민 B_2와 비타민 C가 감소하게 되므로, 살짝 데치는 것이 좋습니다.

Q 콩나물을 집에서 직접 키워 먹고 싶은데 방법을 알려주세요?

A 하루정도 불린 콩나물 콩(쥐눈이콩, 검은콩)을 구멍 뚫린 그릇에 촘촘이 담고 검은 천을 덮어 그늘에 두고 수시로 물을 줍니다. 3일 정도면 싹이 트고 약 일주일 정도면 먹을 수 있을 만큼 자라게 됩니다.

Q 콩나물을 다듬을 때 머리는 버리게 되는데요. 머리에도 영양이 있나요?

A 콩나물의 머리는 '자엽(cotyledon)'이라고 하는데 조단백질과 조지방이 함유되어 있어 영양이 많아요. 그러므로 머리까지 다 먹는 것이 좋아요.

콩나물 구입 및 감별법

좋은 콩나물은 줄기가 통통하고 잔뿌리가 적으며 콩나물 특유의 냄새가 있어야 한다. 길이가 너무 긴 것은 웃자란 것이기 때문에 길이는 짧은 것이 좋다. 줄기가 가늘고 길며 콩나물 머리에 검은 반점이 있는 것은 오래된 콩나물이다. 또한 콩나물 머리에 껍질이 투명한 것이 싱싱한 것이다. 직접 키운 콩나물은 인공으로 약을 주고 키운 것 보다 보기는 덜 좋으나 고소한 맛이 훨씬 좋다.

산의 뱀장어
마

마의 역사 및 유래는?

마는 마과에 속하는 다년생 덩굴식물로 한자로 서여(薯蕷)라 하고 마의 껍질을 벗겨 말린 것을 '산약(山藥)'이라 한다. 중국이 원산지이며 기원전 3세기경부터 재배하기 시작했다. 백제 무왕의 어릴 적 이름이 서동인데, 서동이 캔 마가 너무 맛있어서 아이들은 서동이 시키는 대로 노래를 하여 진평왕의 딸인 선화공주와의 사랑을 이어주었다는 이야기 속에 '마'가 나오는 것으로 보아 우리나라에서도 마를 식용한 역사가 오래된 것으로 보인다.

예로부터 '산의 뱀장어'라 하여 강장 식품으로 먹어 온 마는 체력회복에 효과적이어서 교통이 발달하지 못한 시절 여행길에 간단하게 식사를 대용할 수 있는 식품으로도 이용되었다.

마에 들어있는 영양소는?

종류	열량(kcal)	수분(%)	단백질(g)	지질(g)	탄수화물		회분(g)	무기질
					당질(g)	섬유(g)		K (mg)
장마	81.0	77.6	2.3	0.2	18.0	1.18	1.20	500.0
산마	56.0	84.4	2.3	0.2	11.8	2.51	0.80	299.0

마의 영양성분표 (100g 당)<한국영양학회 제7차 개정판>

마는 전분이 주성분이고 라이신(lysine), 트립토판(tryptophan), 메치오닌(methionine) 등의 필수 아미노산이 우수하다. 또한 칼륨, 나트륨, 칼슘, 마그네슘 등이 들어 있는 알칼리성 식품이다. 마의 끈적끈적한 성분은 뮤신(mucin)인데 단백질(글로블린, globulin)과 당질(만난, mannan)이 약하게 결합한 것이다. 이 당단백질은 장내 유해균을 해독하고 허약체질, 생식능력의 쇠약 등에 의한 피로를 풀어주고 기력을 증가시켜준다.

마는 생식으로 많이 먹는데 이는 아밀라제, 폴리페놀라제, 산화효소, 카탈라제 등의 소화효소가 많기 때문이다. 한방에서 마는 뼈를 단단하게 하는 효능이 있다. 근육을 성장시키고 귀와 눈을 밝게 해주며 허리에 힘을 주어 남자의 정력을 강하게 한다고 한다.

마를 이용한 조리 및 음식은?

마샐러드 : 마는 껍질을 벗겨 굵게 채 썰고 인삼과 샐러리도 채 썰어, 마요네즈에 양파와 배를 갈아 넣고 소금, 식초, 설탕을 고루 섞어 소스를 만들어 곁들인다.

마전 : 마는 껍질을 벗겨 강판에 갈아 소금으로 간을 한다. 고사리, 청고추, 홍고추를 썰어 넣고 팬에 기름을 두르고 한 수저씩 떠 넣으면서 지진다.

마즙 : 마는 껍질을 벗겨 잘게 썰고 인삼과 우유, 마시는 요구르트를 함께 넣고 곱게 간다.

서여향병 : 마는 껍질을 벗겨 두께 0.5cm정도로 썰어 찜통에 5분정도 쪄서 찹쌀가루를 앞뒤로 무쳐 기름 두른 팬에 지진다. 꿀을 살짝 묻혀 잣가루를 입힌다.

마전 ▶

Q 마는 다이어트 하는 사람들이 즐겨 먹는데 정말 효과가 좋은가요?

A 마는 부피가 크고 열량이 적어 식사 전에 먹으면 식욕을 일정수준 억제하는 효과가 있어요. 특히 마에는 식이 섬유소가 풍부하여 포만감을 주고 단백질의 흡수를 향상시켜주기 때문에 체력 보강에도 효과가 크다고 할 수 있습니다.

Q 일본에서는 마를 갈아서 달걀노른자와 섞어 먹던데요. 서로 어울리는지요?

A 마에는 단백질이 거의 없기 때문에 달걀 노른자와 함께 먹으면 영양적으로 서로 보강해주는 역할을 해요. 마에 있는 뮤신이 단백질의 소화를 도와주어 단백질이 풍부한 달걀노른자와 잘 어울리는 음식궁합입니다.

Q 장마와 산마의 차이점은 무엇인가요?

A 옛날부터 장마는 식용으로, 산마는 주로 한약재로 이용하였어요. 장마는 모양이 길고 산마는 고구마처럼 생겼는데 장마는 육질이 연하고, 산마는 장마에 비해 단단합니다. 맛은 산마가 장마보다 조금 더 고소하구요. 영양적인 측면에서는 두드러지게 차이가 나진 않지만, 장마가 열량이 높고, 수분은 산마가 조금 더 높습니다.

Q 마를 잘 보관하는 법은 있나요?

A 마는 따뜻한 곳이나 햇볕에 말리면 절단된 부분이 딱딱해지기 때문에 통풍이 잘 되는 곳에 보관해야 해요. 마찰된 부분이 쉽게 상하기 때문에 자리를 자주 바꾸어 주어야 하는데 신문지에 싸서 보관하면 오래 보관할 수 있습니다.

Q 마 껍질을 벗기다 보면 손이 가려운데 좋은 방법이 있나요?

A 마는 껍질을 벗길 때 진이 나오는데 그 진을 뮤신(mucin)이라고 해요. 그 진이 피부에 닿아서 간지러울 수 있어요. 마의 껍질을 벗기기 전에 손에 식용유를 바르거나 비닐장갑을 껴서 피부를 보호해야 하는데, 이미 간지러워졌다면 식초 몇 숟가락을 희석해서 손을 씻으면 가려운 것이 사라집니다.

마 구입 및 감별법

마는 갈색이며 윤택이 있고 껍질이 단단하며 상처가 없는 것이여야 한다. 마는 굵기가 균일하고 두툼하며 무게가 무거운 것이 좋다. 잘랐을 때 끈끈한 즙이 많고, 색이 희고 가루성분이 풍부한 것이 좋다. 마는 산야에서 5~8년간 자생한 것을 좋은 것으로 치지만 생산량이 많지 않기 때문에 대부분 재배하고 있다.

겨울철 비타민 보충제
귤

귤의 역사 및 유래는?

감귤은 아열대성 상록과수로 중국과 인도차이나 등의 동남아시아가 원산지로 알려져 있다. 감귤류의 명칭은 귤(橘), 감귤(柑橘), 밀감(蜜柑) 등으로 호칭되고 있는데, 감귤이라 함은 금감이나 탱자를 제외한 모든 것을 총칭한 것으로 학술어로는 시트러스(Citrus)라 한다.
한편 밀감이란 일반적으로 온주밀감(溫州蜜柑)을 지칭하며 일본어에서 유래되었다 볼 수 있다. 흔히 귤이라고 부르는 것은 온주 귤로서, 이는 중국 절강성의 최대 귤 생산지인 온주(溫州)의 이름을 따온 것이다.
조선시대의 1400년대 고서인 「산가요록(山家要錄)」에 귤나무에 대한 기록과 궁중의 진상품목에 있는 것으로 보아 귤은 옛부터 귀한 과일 중의 하나이다. 본격적으로 우리나라에 감귤이 재배 된 것은 1911년 일본인이 서귀포에 온주밀감을 심었을 때부터 이다.

귤에 들어있는 영양소는?

종류	열량(kcal)	수분(%)	단백질(g)	지질(g)	탄수화물		회분(g)	비타민 C (mg)
					당질(g)	섬유(g)		
귤	39.0	88.9	0.5	0.1	10.0	0.2	0.3	35.0

귤의 영양성분표 (100g 당)<한국영양학회 제7차 개정판>

    비타민 C와 구연산이 풍부한 귤은 피로회복, 피부미용에 좋다. 파인애플의 4배 이상, 사과의 8배 이상 많은 비타민 C를 가진 귤은 하루 한 두 개만 먹어도 하루 필요한 권장량을 충족한다. 비타민 C는 추위를 견딜 수 있게 신진대사를 원활하게 해주기 때문에 겨울철 귤을 먹으면 감기예방에도 좋다. 귤의 당은 대부분 과당, 포도당 및 서당이 주성분이며 유기산으로는 구연산(citric acid)을 많이 함유하고 있다. 신맛을 내는 구연산은 물질대사를 촉진해서 피로를 풀어주고 피를 맑게 해준다. 귤에는 헤스페리딘(hesperidin)이라는 비타민 P 성분이 30~40mg% 함유되어 있어 혈관의 저항력을 증가시켜 고혈압을 예방한다.

귤을 이용한 조리 및 음식은?

귤물김치 : 배추와 무를 함께 넣어 살짝 절이고 미나리, 홍고추, 마늘, 생강을 채 썰어 넣고 귤의 속을 알알이 떼어내어 모두 섞어서 소금 간을 하여 물김치를 만든다.

귤병편 : 귤껍질을 저며 썰어서 꿀이나 설탕에 조린 귤병을 고물로 얹어 가며 멥쌀가루와 귤병을 켜켜이 시루에 안쳐 찐 떡이다.

귤강차 : '강귤차'라고도 하며 귤을 깨끗이 씻어 물기를 없앤 후 껍질을 벗긴다. 겉껍질만 생강, 물을 함께 넣어 중불에서 끓인 후 충분히 맛이 우러나면 체에 걸러 찻잔에 따르고 꿀을 타서 마신다.

밀감화채 : 밀감은 속 알맹이를 알알이 떼어내고 설탕에 약간 재워둔 다음 꿀물이나 오미자 국물에 띄워 마신다.

귤물김치 ▶

Q&A

Q 귤에는 비타민 C가 많다고 하는데, 어떤 점이 좋은가요?

A 밀감에는 비타민 C가 풍부하지요. 귤의 비타민 C는 피부와 점막을 튼튼하게 하여 주는 작용이 있어 깨끗하고 탄력 있는 피부를 유지 해 주며 겨울철 감기 예방은 물론 체력이 떨어지는 것을 막아줍니다. 특별히 귤의 껍질 부분에는 과육보다 비타민 C가 풍부하게 들어 있어 감기증상이 있을 때 귤껍질차를 마시면 좋습니다.

Q 귤이 너무 시어서 먹지 않고 방바닥에 두었더니 나중에 귤이 달아졌어요. 왜 그런가요?

A 귤의 신맛은 구연산(citric acid) 때문인데, 미숙한 귤에는 신맛을 내는 구연산이 많고 당분이 적어 신맛이 강하고, 이것이 점차 숙성되면 산은 적어지며 당분이 많아져 단맛이 강하게 되지요. 귤을 방바닥에 두면 그 온도로 귤이 숙성되었기 때문에 신맛이 줄어들고 단맛이 더 강하게 된 것입니다.

Q 귤을 많이 먹었더니 손발이 노랗게 되는데 괜찮은가요?

A 감귤류에는 카로틴 성분의 색소가 들어 있는데, 이것은 보통 장벽에서 30% 정도 흡수되어 혈액에 섞여 전신으로 퍼지게 되요. 이 가운데 일부는 우리 몸에 필요한 물질이 되어 사용되고 남는 부분은 피하지방에 쌓이게 되지요. 그러므로 귤을 너무 많이 섭취할 경우 특히 각질 부분이 많은 손바닥이나 발바닥, 피부가 엷은 콧구멍 주위나 눈꺼풀 등에 카로틴의 노란 색깔이 나타나게 되요. 그러나 이러한 현상은 귤 섭취를 줄이면 저절로 없어지기 때문에 병이 아니므로 걱정할 필요는 없습니다.

冬

Q 귤껍질은 한방에서는 진피라 하여 아주 귀한 것으로 알고 있는데 만드는 방법을 알려 주세요?

A 한방에서 '진피'라고 불리는 귤껍질은 가래, 기침에 효과가 있어요. 진피를 만드려면 먼저 귤을 먹기 전에 엷게 푼 소금물에 껍질 채로 잘 씻어서 농약이나 불순물을 깨끗이 씻은 다음 맑은 물에 헹구어 껍질만 분리하여 속에 하얀 부분은 칼로 저며 내요. 그런 다음 채 썰어 꿀에 재워 일주일 후에 끓는 물에 두 스푼씩 타서 차로 복용하면 됩니다.
단 것을 좋아 하지 않으면 귤껍질을 그늘에 말려 두었다가 먹을 때마다 조금씩 보리차 끓여 먹듯 끓여 마시면 정신이 맑아지고 감기에 걸리지 않아요. 귤껍질은 오래 보관 할수록 그 효과가 더욱 좋으니 겨울철 특히 귤이 많을 때 많이 만들어 놓는 것이 좋습니다.

Q 귤은 주로 그냥 먹는데 조리해서 먹을 수 있는 방법에는 어떤 것들이 있을까요?

A 생각보다 귤을 조리해서 먹을 수 있는 방법은 다양해요. 가장 흔한 방법으로 주스나 차를 만들 수 있고, 감귤즙을 이용하여 송편이나 인절미를 만들 수도 있어요. 과피도 깨끗이 씻어 잘게 다져 넣고 반죽을 해서 도너츠를 튀겨내기도 하고요. 귤에는 잼이 될 수 있는 펙틴(pectin)이 많이 함유되어 있어 잼(jam)이나 젤리(jelly)로 만들어 저장할 수도 있습니다. 요즘에는 귤을 이용한 아이스크림이나 요구르트 등 다양한 형태의 조리가 가능하답니다.

귤 구입 및 감별법

귤은 껍질이 얇고, 황등색을 띠면서 겉 표면은 우둘투둘 하면서 탱글탱글하고 새콤달콤한 맛이 나는 것이 좋다. 꼭지가 작은지 살펴보고 모양은 평평하고 타원형일수록 좋다. 껍질과 알맹이가 따로 분리된 느낌이 드는 것은 피하고 너무 크거나 작은 것보다는 적당한 크기의 것이 맛있는데 귤은 숙성시기가 오래 될수록 껍질의 탄력이 적고 쭈글쭈글 해지기 때문에 대체적으로 껍질이 얇고 탄력성이 있는 것이 좋다.

장보고의 선물

유자

유자의 역사 및 유래는?

유자는 운향과에 속하는 상록수인 유자나무의 열매이다. 원산지는 중국 양쯔강 상류로, 우리나라, 중국, 일본에서 식용되고 있다. 우리나라는 신라 문성왕 2년(840년) 때 장보고가 중국 당나라 상인에게 선물로 받아와서 남해안에 전파되었다.
「세종실록(世宗實錄)」31권에 세종 8년 (1426년) 때 전라도와 경상도에 유자와 감자를 심게 했다는 기록으로 보아 그 이전부터 재배한 것으로 보인다. 다른 감귤류보다 추위를 잘 견뎌 제주도는 물론 전라도, 경상도 등의 남부지방에서 재배되고 있다.

유자에 들어있는 영양소는?

종류	열량(kcal)	수분(%)	단백질(g)	지질(g)	탄수화물		회분(g)	비타민 C (mg)
					당질(g)	섬유(g)		
유자	48.0	85.8	0.9	0.8	10.5	0.40	0.60	105.0

유자의 영양성분표 (100g 당)〈한국영양학회 제7차 개정판〉

유자는 신맛을 내는 비타민 C가 100g당 105mg으로, 비타민 C가 많은 것으로 알려진 레몬(70mg)이나 귤(35mg)보다도 많아 예로부터 감기 치료제로 사용되었다. 비타민 C는 피부미용, 암 예방에도 효과가 있는 것으로 알려져 있다. 유자에는 쌉쌀한 맛을 내는 헤스페레딘(hespiridin)이라는 물질이 있는데 이는 비타민 P와 같은 역할을 해서 모세혈관을 튼튼하게 하고 뇌졸중이나 풍(風)과 같은 질병을 예방한다.

새콤한 맛을 내는 구연산도 4%가량 들어 있어 피로회복을 돕고 소화액 분비를 촉진시킨다. 「본초강목(本草綱目)」에는 "몸이 가벼워지고 수명이 길어진다."고 극찬을 했다. 그리고 동의보감에서는 "술독을 풀어주고 술 마신 사람의 입 냄새까지 없애준다."라고 기록되어 있다.

유자를 이용한 조리 및 음식은?

유자 불고기 : 쇠고기를 불고기감으로 썰어 간장양념에 재울 때 유자를 썰어 같이 재우고 양파, 새송이 버섯과 같이 볶는다.

유자화채 : 유자 껍질과 배를 채 썰어 담고 꿀물을 부어 석류알을 띄운다.

유자다식 : 찹쌀 미수가루에 유자청을 넣고 되직하게 반죽하여 다식판에 찍어 낸다.

유자인절미 : 찹쌀가루에 유자청과 다진유자를 넣고 고루 섞은 다음 체에 내려 찜솥에 찐 후 한입 크기로 잘라 콩고물에 무친다.

유자화채 ▶

Q&A

Q 유자에 풍부한 비타민 C는 피로회복에 어떻게 도움을 주는 걸까요?

A 운동을 할 때와 땀을 많이 흘릴 때 체내에서 비타민 C의 소모가 많아져요. 피로가 쌓이면 몸 안에 젖산이 쌓이는데 유자의 비타민 C는 젖산을 분해하고 신진대사를 원활히 하기 때문에 운동 전에 비타민 C가 풍부한 유자를 섭취하면 피로회복에 좋습니다.

Q 유자가 풍에 좋다고 하는데 근거가 있는 말인가요?

A 유자 속에는 헤스페레딘(hespiridin)이라는 물질이 있는데 이것은 모세혈관을 보호하고 강하게 하는 효능이 있어요. 풍은 뇌혈관 장애로 일어나기 때문에 풍에 유자가 좋다는 것은 근거가 있는 말입니다.

Q 유자차를 보관할 때 어디에 하는 것이 좋은가요?

A 유자차를 보관할 때에는 금속용기 보다는 유리 용기나 도자기에 보관하는 것이 좋아요. 유자에는 비타민 C가 많아서 철이나 구리가 함께 있으면 비타민 C의 산화가 촉진되기 때문입니다.

Q 유자로 잼을 만들기도 하는데 향이 강하지 않을까요?

A 유자는 껍질 비중이 50%이고 귤은 껍질 비중이 20%이지요. 유자 껍질의 향기 성분은 리모넨, 피넨, 싸이멘 등으로 유자 껍질만 분리하여 채를 썰고 유자의 60%의 정도의 설탕을 넣고 잠시 재워 두었다가 불에 올려 30분 정도 끓이면 유자잼의 향이 강하지 않습니다.

Q 겨울엔 새콤달콤한 유자차를 많이 먹는데요. 어떻게 끓여 먹는 게 좋은가요?

A 유자차를 직접 끓이면 떫은맛이 나고 비타민C가 파괴되기 때문에 열을 가하는 조리법 보다는 컵에 유자청을 넣고 끓인 물을 한 김 식힌 후 넣어 마시는 것이 좋아요. 끓인 물을 바로 부으면 고온의 물로 비타민C가 손실될 수 있으니 주의하세요.

유자 구입 및 감별법

유자는 11월 중순쯤에 구입하는 것이 가장 품질 좋은 유자를 고를 수 있다. 유자는 노란색이 진하고 광택이 있으며 흠집이 없고 과즙량이 많은 것이 좋다. 껍질을 먹는 과일이므로 껍질이 울퉁불퉁하고 두터우며 과실이 둥글고 유포가 많은 것이 좋다.

필수아미노산이 풍부한 육류

돼지고기

돼지고기의 역사 및 유래는?

돼지고기는 포유류 멧돼지를 가축으로 길들인 돼지의 고기이다. 세계적으로 돼지를 가축으로 기른 역사는 오래되었는데, 동남아시아에서는 약 4800년 전, 유럽에서는 약 3500년전 부터 가축화 하였다.

우리나라에서는 김해의 패총에서 돼지 이빨이 많이 나오고「후한서(後漢書)」에 "한(韓)이나 부여가 소와 돼지를 잘 기른다."는 기록으로 보아 삼국이 성립되기 이전에 돼지를 가축화하여 식용한 것으로 보인다. 돼지는 유목민들에게는 기르기 힘든 가축이었지만 정착민들에게는 부(富)의 상징이 되었다.

돼지고기에 들어있는 영양소는?

종류	열량 (kcal)	수분 (%)	단백질 (g)	지질 (g)	탄수화물		회분 (g)	무기질	비타민
					당질(g)	섬유(g)		Fe (mg)	B_1 (mg)
안심	223.0	70.8	14.1	13.2	0.5	0.0	1.4	1.6	0.91
등심	236.0	61.6	21.1	16.1	0.2	0.0	1.0	1.6	0.56
갈비	208.0	65.8	18.5	13.9	0.8	0.0	1.0	0.4	0.74
삼겹살	331.0	53.3	17.2	28.4	0.3	0.0	0.8	0.7	0.68

돼지고기의 영양성분표 (100g 당)<한국영양학회 제7차 개정판>

돼지고기에는 다른 육류에 비해 우리 몸에 필요한 필수아미노산이 풍부하며 철, 인, 비타민 B_1 등이 풍부하다. 특히 비타민 B_1은 동물성 식품 중에 함량이 가장 많아 쇠고기의 10배나 들어있다. 하루에 안심 100g만 먹어도 하루 필요량을 채울 수 있는데, 비타민 B_1은 피로감 해소와 집중력에 도움을 준다. 또한 돼지고기의 철(Fe)은 체내 흡수율이 높아 빈혈을 예방한다. 「동의보감(東醫寶鑑)」에 의하면 '돼지고기는 허약한 사람을 살찌우게 하고 음기를 보하며 성장기의 어린이나 노인들의 허약을 예방하는데 좋은 약이 된다.'고 소개하고 있다.

돼지고기을 이용한 조리 및 음식은?

맥적 : 돼지고기를 넓적하게 저며 잔칼질을 한 후 꼬지에 꿰어 된장, 파, 마늘, 생강, 후추, 참기름을 발라 석쇠에 굽는다.

돼지고기깨장샐러드 : 돼지고기는 삶아 얇게 썰고 양상치, 치커리, 양파, 피망 등을 채 썰어 둔다. 접시에 돼지고기 편육을 놓고 기타 채소를 한쪽 옆에 둔다음 통깨, 땅콩버터, 파인애플즙, 식초, 설탕, 겨자, 소금을 섞어 믹서에 곱게 갈아 소스를 만들어 끼얹는다.

돼지고기마늘찜 : 돼지고기는 폭 2cm, 길이 10cm, 두께 3mm로 썰어 준비하고 마늘은 큰 것을 골라 고기로 돌돌 말아 짧은 꼬치로 꽂아 풀리지 않게 한다. 당근은 작은 밤톨크기로 모서리를 돌려 깍고 표고버섯, 풋고추, 붉은 고추는 큼직하게 썰어 양념장을 넣고 육수를 자작하게 부은 다음 은근한 불에서 조린다.

돼지불고기초밥 : 쌀은 청주, 다시마, 물을 넣고 밥을 지어 새콤달콤한 배합초에 비벼 식힌다. 돼지고기는 불고기감으로 썰어 양념에 재워 굽고, 참나물은 씻어 1cm 길이로 잘라둔다. 초밥은 한입크기로 꼭꼭 쥐어 위에 와사비를 바르고 참나물, 불고기를 얹고 김으로 띠를 두른다.

맥적 ▶

Q&A

Q 돼지고기는 지방이 많아 성인병에 걸릴까봐 걱정이 되요. 이런 걱정을 덜어줄 방법이 있나요?

A 돼지고기는 영양학적으로는 우수하지만 고유의 냄새와 콜레스테롤 함량이 많은 것이 결점이라 할 수 있어요. 그렇기 때문에 콜레스테롤의 체내 흡수를 억제하고 혈관에 눌어붙지 않도록 조리하는 것이 좋아요. 표고버섯에는 양질의 섬유질이 많아 돼지고기와 함께 먹었을 때 콜레스테롤이 체내에 흡수 되는 것을 억제하여 성인병 예방에 효과가 있어요. 그밖에도 돼지고기의 지방을 낮추어 주는 음식으로 와인, 녹차, 김치와 같이 먹으면 좋습니다.

Q '돼지고기는 잘 먹어야 본전'이라는 말이 있는데, 그 이유는 무엇인가요?

A 옛부터 "여름철의 돼지고기는 잘 먹어야 본전"이라는 말이 있는데 이것은 냉장, 냉동 시설이 없던 시절에 지방과 단백질이 풍부한 돼지고기에 미생물 번식이 빨라 상하기 쉬웠기 때문이에요. 또 한의학적으로 돼지고기는 성질이 차가워서 여름에 찬 성질의 돼지고기를 먹으면 그 기운을 못 이겨 설사를 하는 경우가 많이 있기 때문에 주의해서 먹는 것이 필요합니다.

Q 보쌈이나 족발을 먹을 때 새우젓을 같이 먹는 이유가 있나요?

A 돼지고기의 주성분은 단백질과 지방인데요. 단백질이 소화되면 아미노산으로 바뀌는데, 이때 필요한 것이 단백질 분해 효소인 프로테아제(protease)입니다. 새우젓은 발효되는 동안에 대단히 많은 양의 프로테아제가 생성되어 소화제 구실을 해요. 사람들이 지방을 먹을 때 지방 분해 효소가 부족하면 설사를 일으키게 됩니다. 새우젓에는 강력한 지방 분해효소인 리파아제(lipase)가 함유되어 있어 기름진 돼지고기의 소화를 크게 도와줍니다.

Q 황사가 오면 돼지고기를 먹으라고 하는데 왜 그런가요?

A 돼지고기의 지방에는 중금속을 흡착해서 배설시키는 작용이 있어요. 봄의 불청객 황사는 그 속에 수은, 납, 비소 등의 중금속이 있어 중추신경을 마비시키는 심각한 질병으로 이어질 수 있어요. 그러므로 탄광촌 사람들이나 이사하는 날 빠뜨리지 않고 먹었던 돼지고기는 해독음식이라 할 수 있어요.

Q 돼지고기는 삼겹살이 제일 맛있는 것 같아요. 그런데 외국에서는 부위별로 다양하게 쓰인다고 하는데 어떻게 쓰이는지 궁금해요?

A 등심은 등의 중앙 부분으로 살의 결이 곱고, 지방이 적당히 있으며 부드러운 근육으로 되어 있어 구이, 찜, 불고기, 돈까스, 스테이크용으로 쓰이고요. 삼겹살은 뱃살로 베이컨, 조림, 스프, 편육, 구이, 바비큐, 찜 등으로 쓰입니다.

돼지고기 구입 및 감별법

신선한 돼지고기를 고를 때는 살 전체가 연한 핑크빛이 돌면서 기름지고 윤기있는 것으로 지방은 단단하고 적당한 끈기가 있어 썰 때 칼에 달라붙는 것이 좋다. 돼지고기는 연하고 대리석 무늬가 뚜렷하며, 지방은 순백색이며 고기사이에 적절하게 침착되어 있어야 한다.
고기색이 검붉거나 지방이 흐물 거리는 것은 좋지 않다. 암돼지는 살이 많고 고기와 지방의 비율이 알맞으며 지방의 질이 좋다. 숫돼지는 근섬유가 거칠고 딱딱하고 특유의 취미(臭味)가 있다.

천연 해독제

명태

명태의 역사 및 유래는?

　　　　명태는 대구과에 속하는 흰 살 생선이다. 조선 중엽에 함경도 명천에서 살던 태(太)모씨가 낚시로 잡았다 하여 명태라는 이름이 붙었다. 12월과 1월이 제철인 명태는 우리나라, 러시아, 일본 등에서 주로 식용하는데, 특히 우리나라에서는 명태의 알은 명란젓, 창자는 창란젓, 아가미는 아가미젓 등으로 다양하게 사용하고 있다.
명태(明太)는 가공방법, 잡는 시기, 크기에 따라 다양하게 불리는데 생것은 생태, 얼린 것은 동태, 건조시킨 것은 북어(北魚), 추운 바다 바람으로 40일간 냉동과 해동을 반복시켜서 보슬보슬하게 만든 것은 황태, 15일 정도 반쯤 말린 것을 코다리라고 한다. 명태 새끼는 노가리, 애기태, 앵치 등으로 불리운다.

명태에 들어있는 영양소는?

종류	열량(kcal)	수분(%)	단백질(g)	지질(g)	탄수화물		회분(g)	비타민 A (R.E)
					당질(g)	섬유(g)		
명태	98.0	77.3	19.7	1.5	0.1	0.0	1.40	30.0
황태	377.0	10.6	80.3	3.8	0.0	0.0	5.30	0.0

명태의 영양성분표 (100g 당)<한국영양학회 제7차 개정판>

　명태는 단백질이 풍부하고 지방과 칼로리가 낮은 식품이다. 명태의 단백질은 메티오닌(methionin), 시스테인 등의 함황아미노산을 많이 함유하고 있어 동맥경화나 고혈압, 심근경색 등의 심혈관계 질환을 예방한다. 또한 함황아미노산은 나트륨의 체외 배설을 촉진하여 혈압을 낮추는 효과가 있다.

　과음한 후 먹는 북어국은 지방함량이 적어 개운하고 메치오닌(methionin)과 같은 아미노산이 많기 때문에 알코올로 혹사한 간을 보호해 준다. 「동의보감(東醫寶鑑)」에도 각종 독을 푸는데 효능이 있다 하여 예로부터 명태를 해독제로 사용한 것으로 보인다.

명태을 이용한 조리 및 음식은?

명태순대 : 명태의 내장을 꺼낸 후 소금에 절이고 김치는 잘게 썰어, 두부, 고니, 애 등과 양념하여 소를 만든 후 명태 배속에 넣고 김 오른 찜통에 찐다.

동태미역쌈찜 : 다진 동태 살과 다진 표고, 다진 당근, 달걀 등을 넣어 끈기가 있도록 치댄다. 물에 불린 미역에 치댄 동태 살을 한 숟가락씩 넣고 싼 후 데친 미나리 줄기로 묶어서 찜통에 쪄낸다.

동태구이 : 동태는 내장과 뼈를 꺼내고 깨끗이 씻은 다음 물기를 닦고 꾸덕꾸덕하게 말려 간장불고기 양념장이나 고추장양념을 발라 굽는다.

무명태김치 : 명태를 살만 포를 떠서 소금에 절여 꾸덕꾸덕 해지면 절인 배추, 무와 함께 김치양념에 버무린다.

무명태김치 ▶

Q & A

Q 명태 눈에도 영양성분이 있나요?

A 먹을 것이 귀하던 시절에는 생선 눈알도 먹었는데 명태눈알의 뒤쪽에는 특히 비타민 B_1이 많아 밥을 소화시키는 과정에서 당질의 대사를 도와줘요. 그 밖에도 비타민 A, 비타민 B_2 등이 들어 있습니다.

Q 북어는 알콜을 해독시켜 주는 대표적인 재료인데 명란젓과 창란젓도 알콜을 해독시키는 데 도움이 되나요?

A 명란젓과 창란젓에는 알콜을 해독하는데 도움이 되지 않아요. 북어는 해장국으로 많이 먹는데, 이는 지방함량이 적어 개운하고 국물이 시원하며 메치오닌(methionine)같은 필수아미노산이 많아 간을 보호해 주기 때문이에요.
명태의 알은 명란젓으로 먹고, 내장은 창란젓으로 만들어 먹는데 창란젓과 명란젓은 지방, EPA, DHA의 함량이 많아 영양가가 풍부한 식품으로 특히 명란젓에는 비타민 B_1, 비타민 B_2, 비타민 E가 많이 들어 있으며 뇌와 신경에 필요한 에너지를 공급해 주고 피로회복에 도움을 주지만, 특별히 알콜해독에는 도움을 주지 않습니다.

Q 북엇국은 제 맛을 내기가 쉽지 않은데, 북엇국 제대로 끓이는 법을 알려주세요?

A 북어는 마른 상태에 따라 불리는 시간이 다른데 휘어질 정도로 불려야 해요. 북어를 조리할 때 북어의 떫은맛을 없애려면 맹물보다는 쌀뜨물에 불리는 것이 좋은데, 쌀뜨물은 점도가 높아 생선의 맛 성분의 유출을 막아주고 쌀뜨물의 콜로이드성 물질이 떫은맛을 흡착시켜주기 때문이지요.
북어의 머리, 지느러미, 꼬리는 잘라낸 후 껍질은 벗기고 내장이 붙어 있던 부분의 검은 막도 떼어내요. 손질한 북어는 참기름을 넣고 볶아 북어 살이 오그라들면 다시마 육수와 무를 넣고 끓여 파와 달걀을 넣고 간을 하면 맛있는 북엇국이 됩니다.

Q 숙취해소에 대표적인 것이 콩나물국과 북엇국이 있는데 어느 것이 더 효과가 좋나요?

A 북엇국은 병을 앓고 난 사람에게 기운을 회복시켜 주는 음식으로 성장기 어린이나 여성에게도 필요한 영양소가 많아 매우 좋아요. 콩나물 역시 아스파라긴산과 비타민 C가 많아 숙취 해소에 좋아요. 그러므로 북어와 콩나물을 함께 넣어 국을 끓이면 숙취해소에 더욱 좋습니다.

Q 싱싱한 명태와 말린 북어 중 어느 것이 더 좋은가요?

A 명태와 북어는 영양소 조성에는 큰 차이가 없어요. 단백질 함량의 경우는 북어가 명태보다 많고, 숙취해소에도 좋은 아미노산도 북어에 더 많이 들어있습니다.

명태 구입 및 감별법

명태는 표면이 마르지 않고 윤기가 있는 것을 고른다. 눈은 맑고 튀어나오며 배를 누르면 팽팽하고 탄력이 있는 것이 좋다. 국산 명태는 몸길이가 40㎝정도이다. 수입산은 국산보다 6㎝가량 길고, 가슴지느러미가 검정색이다.
주둥이 밑에 수염이 없으면 수입산으로 봐도 무방하다. 북어는 색이 노릇하고 밝으며, 껍질이 약간 떠 있는 것이 좋고 검은빛이 속에서부터 비치는 것은 상한 것을 말린 것이다.

바다의 닭고기

참 치

참치의 역사 및 유래는?

　　참치는 고등어과에 속하는 붉은 살 생선이다. 참치는 회유성 어족으로 북극해와 남극해를 제외한 전 세계 바다에서 서식하고 있는데 일본사람들이 좋아하는 생선 중에 하나이다. 일본에선 마구로라 하는데, 눈이 검다의 '구로'와 검은 껍질 속에 붉은 속살이 검게 변색되기에 '마'가 합쳐진 말이다. 서양에서는 닭고기 맛과 비슷하다 하여 '바다의 닭고기' 또는 '바다의 귀족'이라 불렀다.
우리나라에서는 참치라고 하는데 이는 해방 후 해무청 담당관이 동해안 연안에서 다랑어를 부르는 방언인지도 모르고 기록하여 참치라는 이름이 더 일반화 되었다.

참치에 들어있는 영양소는?

종류	열량(kcal)	수분(%)	단백질(g)	지질(g)	탄수화물		회분(g)	무기질
					당질(g)	섬유(g)		Fe (mg)
참치(적색)	58.0	88.4	8.5	2.4	0.0	0.0	0.7	4.9
참치(흰색)	72.0	85.0	12.4	2.1	0.0	0.0	0.5	4.9

참치의 영양성분표 (100g 당)〈한국영양학회 제7차 개정판〉

　　　　　참치는 양질의 단백질의 함량이 많으며 지방함량이 적어 비만, 고혈압, 당뇨병 환자에게 좋은 식품이다. 등푸른생선인 참치는 성인병을 예방하는 식품으로 알려졌는데 이는 생선류 중 불포화지방산인 DHA(docosahexaenoic acid)와 EPA(eicosapentaenoic acid) 함량이 높아 동맥경화나 고혈압, 심장병 같은 심혈관계 질환을 예방하기 때문이다.
　특히 아이의 두뇌성장과 학습능력을 향상시키기 때문에 출산 전 엄마가 섭취하면 뱃속에 있는 태아의 두뇌성장에도 많은 도움을 준다. 참치는 붉은 살이 많은 생선인데, 특히 붉은 살은 혈합부분(血合部分: 피가 많이 모인 부분)이라 하여, 비타민과 철분, 타우린이 풍부하게 함유되어 있다.

참치를 이용한 조리 및 음식은?

참치김밥 : 김 위에 밥을 얇게 펴고 냉동 참치와 채소, 단무지를 넣고 김밥처럼 만든다.

참치비빔밥 : 참치를 깍뚝썰기 하여 참기름과 섞어 두고 오이, 당근, 양상추 등의 각종 채소를 채 썰어 밥 위에 얹어서 초고추장과 함께 낸다.

참치초밥 : 고슬고슬하게 지은 초밥 위에 와사비를 올리고 참치를 도톰하게 포를 떠서 올려 간장을 곁들여 낸다.

참치샐러드 : 후라이팬에 겉만 구운 참치를 슬라이스 하여 여러 가지 채소 위에 올린 다음 참깨소스를 얹거나 간장소스를 뿌린다.

참치샐러드 ▶

Q&A

Q 참치의 지방은 몸에 좋은 지방이라는데, 어디에 어떻게 좋은가요?

A 참치의 뱃살과 눈 주위에는 EPA, DHA의 양이 가장 많이 함유되어 있어요. 이는 중성지질의 저하, 고혈압개선, 심근경색 예방, 심장질환 예방, 학습능력회복, 치매증세 개선, 노화방지에 좋아요. 또한 미량원소인 셀레늄이 많아 동맥경화, 노화방지에 효과가 있습니다.

Q 가공통조림 참치와 DHA첨가 참치 통조림은 영양 면에 있어 차이점이 무엇인가요?

A 참치를 통조림으로 만들면 기름이 유출되어 버리므로 신선한 생선에 비하여 DHA나 EPA의 함량이 줄어들어요. 이를 보완한 것이 DHA 첨가 참치 통조림입니다. 여기에 첨가되는 DHA나 EPA는 합성품이 아니라 다랑어의 눈이 있는 부분의 기름을 정제하여 뽑아낸 천연물질이에요. 살코기 100g당 DHA 함량을 통조림에 첨가해 원래의 300mg 정도로 복원시켜 놓는 것입니다.

Q 냉동 참치 해동법을 알려주세요.

A 냉동 참치 해동방법으로 식염해동법, 유수해동법 등 여러 가지가 있지요. 식염해동법은 삼투압 작용을 이용하므로 영양분의 손실 없이 참치 특유의 맛과 색을 살릴 수 있어요. 유수해동법은 흐르는 물에 해동시키는 것으로 참치 고유의 색과 맛을 살릴 수 있으나, 영양분의 손실(Drip현상)이 많은 단점이 있어요.
식염해동법은 물 온도 18~25℃, 4~5% 식염수에 냉동 참치를 넣어 5분 정도 두었다가 천에 싸서 냉동고에 3시간 정도 두면 영양 손실이 없고, 참치 특유의 맛과 색을 살리면서 맛을 증가시켜 줄 수 있어요.

Q 참치는 어느 정도 먹는 게 우리 몸에 적당한가요?

A 참치의 단백질 함량을 비교해 보면 참치가 24.3%, 참치 통조림이 28.7%로서 다른 어떤 생선보다도 단백질의 함량이 높을 뿐만 아니라 쇠고기의 22.8%, 닭고기의 20.7%보다도 훨씬 높다는 사실을 알 수 있어요. 철(Fe)을 포함한 무기질이나 비타민 B_1 등의 비타민도 닭고기나 쇠고기 못지않게 풍부하고요. 참치를 많이 섭취한다고 부작용이 나타나는 것은 아니기 때문에 과식만 안하면 됩니다.

Q 참치의 부위별 특징에 대해 설명해 주세요.

A '오도로'는 뱃쪽살로 지방분이 풍부하며 살이 부드러우며 윤기가 흐르고 가장 비싼 부위이고 '아카미'는 참치의 속살 부위로 마치 나무의 나이테처럼 둥근 결이 있으며 선명한 붉은 색을 띠고 있어요. '주도로'는 중간뱃살로 불포화지방산이 고르게 분포되어 있어 맛이 있어요. '새도르'는 참치 등쪽 껍질 부위이며, 참치부산물로는 참치 눈과 내장류가 있습니다.

참치 구입 및 감별법

참치는 눈이 선명하고 배를 눌러보았을 때 탄력성이 있으며 표면의 색이 광택이 나며 비늘이 밀착되어 있는 것을 고른다. 참치는 겨울철에 제 맛이 나고 여름에는 맛이 떨어진다. 크기가 작은 것은 지방이 적으며 반대로 큰 것은 살이 단단하여 맛이 떨어진다.
참치를 고를 때는 대체로 줄무늬를 보고 구입하면 된다. 가장 좋은 것을 세로로 나란히 평행한 줄무늬가 있는 것이다. 반원으로 들어있거나 줄 사이의 간격이 좁은 것은 꼬리에 가까운 것이므로 피하는 것이 좋다.

코로 먹는 생선회
홍어

홍어의 역사 및 유래는?

　　　　홍어는 가오리과에 속하는 흰살생선으로 태양어(邰陽魚), 분어(饙魚), 요어(鯑魚)라고 불리며 모양이 연잎을 닮았다 하여 하어(荷魚), 생식이 괴이하다 하여 해음어(海淫魚)라고도 한다. 현존하는 지리지 중에서 가장 오래된 「경상도지리지(慶尙道地理志)」에 울산의 토산공물로 실려 있고 「세종실록지리지(世宗實錄地理志)」 토산조에는 홍어(洪魚) 또는 홍어(紅魚)로 기록되어 있는 것으로 보아 홍어를 식용한 역사가 오랜된 것으로 보인다.

옛날 흑산도에서 고기를 잡아 며칠씩 걸려 뭍으로 오면 생선이 부패되어서 먹지 못하는데 유독 홍어만이 요소가 암모니아로 분해되면서 부패하지 않고 톡 쏘는 독특한 맛으로 변했다. 그 때부터 삭힌 홍어는 흑산도의 명물이 되었는데, 「자산어보(玆山魚譜)」에 '삭힌 홍어로 끓인 국은 여자의 뱃속에 덩어리가 생기는 복결병(腹結病)을 제거하는 데 효과가 크다'고 기록되어 있다.

홍어에 들어있는 영양소는?

종류	열량(kcal)	수분(%)	단백질(g)	지질(g)	탄수화물		회분(g)	무기질
					당질(g)	섬유(g)		Ca (mg)
홍어	87.0	78.4	18.1	1.0	0.1	0.0	2.40	631.0

홍어의 영양성분표 (100g 당)<한국영양학회 제7차 개정판>

홍어는 단백질이 풍부하며 지질이 적은 생선이다. 홍어는 어패류 중에서 칼슘이 가장 많이 함유되어 있는 칼슘의 급원으로 홍어 200g이면 하루 필요량을 충족시킨다. 나이가 들면서 뼈와 뼈 사이에서 기계의 윤활유와 같은 역할을 하는 뮤코다당단백질인 황산콘드로이친이 자연적으로 감소하는데 홍어 연골에는 이 성분이 많이 들어 있어 관절염, 류머티즘에 효과가 있다. 홍어는 산성인데, 삭히면 강알칼리성으로 변해 위산을 중화시켜 위염을 억제하고 대장에서는 잡균을 제거하여 속을 편하게 하여 준다.

홍어를 이용한 조리 및 음식은?

홍어탕 : 홍어 살을 바른 뒤 남은 뼈와 내장, 시래기나물, 청·홍고추 등을 넣고 된장을 풀어 끓이다가 파, 마늘을 넣는다.

홍어찜 : 홍어를 2~3일간 잘 말려 파, 마늘, 생강을 채 썰어 얹고 김 오른 찜통에 10분 정도 쪄서 초간장과 함께 낸다.

홍탁삼합 : 홍어회, 삶은 돼지고기, 잘 익은 김치에 막걸리를 곁들인다.

홍어회무침 : 홍어는 썰어 막걸리에 1시간 정도 담구었다 물기를 없애고 무, 오이, 배, 미나리, 실파 등을 썰어 고춧가루에 새콤하게 무친다.

▶ 홍탁삼합

Q&A

Q 홍어의 코를 톡 쏘는 맛은 무엇인가요?

A 홍어를 삭히면 자가 소화된 결과로 암모니아와 트리메틸아민(trimethyamine)의 양이 급격히 늘어나 톡 쏘는 암모니아 냄새가 나요. 이것은 아미노산이 부패하면서 나는 암모니아와는 다르며 부패세균의 발육을 억제하기 때문에 식중독을 염려할 필요는 없어요. 삭힌 홍어로 찜을 해서 먹으면 혀가 얼얼할 정도로 자극이 강한 냄새와 맛을 갖게 되지요. 그래서 홍어는 신선한 것보다는 발효시킨 것을 별미로 먹는답니다.

Q 홍어와 막걸리는 서로 어울리는 식품인가요?

A 홍어는 성질이 차고 막걸리는 뜨거운 성질이 있어 서로 중화되어 독성이 없어지게 되지요. 또한 암모니아의 자극을 중화시키는데 안성맞춤인 것이 막걸리에요. 막걸리에는 자극성분을 완충시키는 단백질이 1.9%나 들어 있고, 알칼리성인 암모니아를 중화시키는 유기산이 0.8% 함유되어 궁합이 잘 맞아요. 그래서 흑산도지방에선 홍어찜을 먹으면서 막걸리를 마시는 방법이 전래되어 '홍탁'이라 불리고 있습니다.

Q 홍어는 어떻게 삭혀야 맛있나요?

A 홍어를 빨리 삭히기 위해서 오지항아리에 담아 두엄에 묻어 두기도 하고 빈 항아리에 짚과 함께 넣어 보름 이상 발효시켜요. 예전에는 항아리에 돌을 깔고 짚을 3cm정도 덮고 홍어를 듬성듬성 놓아 항아리 입구를 비닐로 씌워 묶고 그늘에서 3일에서 7일 정도 삭혔어요. 요즘은 짚을 구하는 것도 어려워서 짚 대신 종이를 사용해요. 홍어는 물에 씻지 말고 껍질째 마른 수건으로 닦아요. 물로 씻으면 끈적거리는 점액이 더 많이 생기기 때문에 이 점액을 씻지 않고 그대로 두는 것이 좋아요. 하루걸러 종이를 갈아 주며 일주일 정도 삭히면 됩니다.

Q 홍어와 가오리 구별법을 알려 주세요?

A 홍어는 마름모꼴이 분명히 드러나고 각이 지며 주둥이 쪽이 뾰족하고 등이 진갈색이지요. 홍어의 배 부분은 붉은 빛이 있고, 가오리에 비해 꼬리가 굵고 상단에 2개의 지느러미와 가시가 불규칙하게 있으며 특유의 짙은 암모니아 냄새가 나지요. 가오리는 원형 또는 오각형으로 각이 분명히 드러나지 않으며 배 부분색깔은 대부분 흰색이며 모공이 없어요. 또한 꼬리가 길고 가늘며 지느러미가 없고 약간의 비린내가 납니다.

Q 흔히, 홍탁삼합이라고 하는데, 삼합은 무얼 뜻하는 것인가요?

A '삼합'은 홍어 삭힌 살과 묵은 김장김치, 삶은 삼겹살 등 셋을 차례로 얹어 보쌈처럼 먹는 음식으로 삼합이라고 해요. 삼합은 '세상에서 가장 소화가 잘 되는 음식이라 아무리 위장이 약한 사람이라도 배탈이 나는 일이 없다.'고 해요. 여기에 막걸리(탁주)를 합하여 '홍탁삼합' 이라고 합니다.

홍어 구입 및 감별법

국산 홍어의 몸은 마름모꼴이고 폭이 넓으며, 등 쪽은 갈색, 배 쪽은 희거나 회색이며, 답색의 작고 둥근 반점이 있다. 주둥이는 짧고 약간 돌출되어 있으며, 목의 중앙선에는 많은 가시가 있고 등지느러미는 몸 뒤쪽에 2개있고 아주 작다. 꼬리 등 쪽에 있는 가시는 1~3개의 줄이 있다. 홍어 살은 발그스름한 홍색이 돌고 껍질이 얇아야 회로 먹을 때 부드럽다.

고단백, 저지방 식품

꼬막

꼬막의 역사 및 유래는?

꼬막은 사새목 꼬막조개과에 속하며 고막, 고막조개, 안다미 조개 등으로 불리기도 한다. 한국, 일본에 분포하며 벌교 지역에서 생산되는 꼬막이 전국 생산량의 60%을 차지할 정도로 벌교는 알아주는 꼬막 원산지이다.

조선시대의 인문지리서인 「동국여지승람(東國輿地勝覽)」에 꼬막이 전라도의 특산품으로 기록되어 있는 것으로 보아 전라도 특히 벌교의 꼬막 맛은 옛날부터 유명한 것으로 보인다. 예로부터 임금님 수랏상에 오르는 진미 가운데서도 으뜸으로 꼽히며, 제사상에도 반드시 올려졌을 정도로 즐겨 먹었다.

꼬막에 들어있는 영양소는?

종류	열량 (kcal)	수분 (%)	단백질 (g)	지질 (g)	탄수화물		회분 (g)	무기질	
					당질(g)	섬유(g)		Ca (mg)	Fe (mg)
꼬막	81.0	80.5	14.5	1.5	1.4	0.0	2.10	113.0	7.9

꼬막의 영양성분표 (100g 당)〈한국영양학회 제7차 개정판〉

꼬막은 고단백, 저지방의 알칼리식품으로 소화와 흡수가 잘 된다. 단백질, 지질, 회분, 비타민이 풍부하여 성장기 어린이 발육에 좋고 철분, 칼슘이 풍부해 빈혈예방과 뼈의 발육에 좋은 식품이다. 타우린이 풍부하여 혈중 콜레스테롤을 감소시키고 간장의 해독작용을 도우며, 순환기 계통의 성인병을 예방한다. 또한 꼬막에 함유된 리보핵산은 정자의 머리부분을 강화시켜준다.

꼬막을 이용한 조리 및 음식은?

꼬막채소무침 : 삶은 꼬막살에 살짝 데친 숙주, 미나리를 넣고 간장, 고춧가루, 설탕, 식초, 마늘, 깨소금, 참기름 등의 양념장에 버무린다.

꼬막꼬치구이 : 삶은 꼬막살과 마늘을 꼬치에 가지런히 꽂아 간장, 청주, 설탕, 생강, 물을 끓여 걸쭉하게 한 양념장을 꼬치에 발라가며 3~4회 굽는다.

꼬막밥 : 쌀에 물을 붓고 밥을 하다가 끓으면 꼬막살을 넣고 뜸을 들여 양념장을 곁들인다.

꼬막숙회 : 끓는 물에 꼬막을 넣고 입이 벌어지면 꺼내어 꼬막이 들어있는 쪽에만 양념간장을 되직하게 만들어 조금씩 얹는다.

▶ 꼬막숙회

Q & A

Q 꼬막이 술안주로도 인기가 좋은데 어떤 효능이 있어서 그런가요?

A 꼬막에는 타우린(taurine)과 베타인(betaine)등이 풍부하게 들어있어요. 이들 성분은 간의 독성을 해독하고 숙취를 해소하는 능력이 뛰어나 술안주는 물론 숙취해소에 좋아요. 특히 베타인 성분은 과음으로 인해 지방간이 쌓이는 것을 효과적으로 차단하는 역할을 한답니다.

Q 꼬막이 다이어트 식품으로 좋은가요?

A 꼬막은 저지방, 저칼로리 식품으로 다이어트에 좋아요. 복부비만인 사람에게 효과적인데요. 복부비만의 경우 고열량 식품섭취를 줄이고 채소, 과일을 많이 먹어야 하는데, 다행히 꼬막은 소화흡수도 빠르고 고단백이면서 저지방, 저칼로리 식품이기 때문에 다이어트 식품으로 안성맞춤입니다.

Q 꼬막은 종류가 여러 가지인데 어떻게 구별하나요?

A 꼬막은 참꼬막, 새꼬막, 피꼬막 세 가지 종류가 있어요. 모양은 서로 비슷하지만 크기와 색깔이 다양하여 껍질에 패인 골의 수가 20개이면 참꼬막, 30개면 새꼬막, 40개면 피꼬막이라 불러요. 이중 가장 맛이 좋은 참꼬막은 고기살은 노랗고 맛이 달면서 다른 것과 달리 양식이 되지 않는 순수 자연산 어패류로 가격도 새꼬막의 3배 정도 되지요. 그만큼 육질이 탱탱하고 쫄깃하며 맛이 월등하답니다.

Q 꼬막은 진흙에서 산다고 하는데 어떻게 손질해야 깨끗한가요?

A 꼬막은 껍질째 물을 갈아가며 여러 번 문질러 씻은 후 소금물에 담가 어두운 곳에서 해감을 시킵니다. 끓는 물에 소금을 약간 넣고 꼬막을 살짝 삶는데 너무 오래 삶으면 조갯살이 질겨지므로 주의해야 합니다.

Q 꼬막은 영양성분을 파괴하지 않으면서 맛있게 조리하는 법은 무엇인가요?

A 꼬막은 흔히 삶아서 조리하는 것이 대부분인데, 영양을 제대로 섭취하려면 푹 삶는 것은 금물이에요. 꼬막은 오래 삶으면 질겨져서 맛이 없어지거든요. 대신 꼬막을 삶을 때 물을 펄펄 끓이다가 찬물을 한 바가지 붓고 약간 식힌 다음 꼬막을 넣어 물이 다시 끓어오를 무렵 건져내면 맛도 살리고 영양도 파괴되지 않게 조리할 수 있습니다.

꼬막 구입 및 감별법

꼬막은 살이 붉은 것이 쫄깃하고 담백한 맛을 낸다. 여름철 산란기를 지나 찬바람이 불기 시작하는 11월부터 제 맛을 발휘해서 봄철 알을 품기 전까지가 가장 맛이 좋다. 꼬막은 종류가 다양하지만 그 중에서 참 꼬막이 달고 맛있어 제일로 친다.
꼬막은 냄새가 나지 않고, 빛깔이 윤기가 있는 것이 좋다. 또 만져서 움직이고, 껍질이 깨지지 않으면서 울퉁불퉁하고 물결무늬가 있는 것이 좋다. 환경이 나쁜 꼬막은 껍질이 두껍고 거무스름하다.

바다의 우유

굴

굴의 역사 및 유래는?

굴은 굴과에 속하는 연체동물로 바위에 붙어산다고 하여 석화(石花)라고도 한다. 양극지방을 제외하고 전 세계적으로 120여종이 분포하고 있으며, 동서양을 막론하고 세계 여러 나라에서 즐겨 먹는 식품이다. 굴은 오래전부터 애용되었는데, 고대 로마 황제들은 굴을 영양식으로 즐겼으며 전쟁터에서도 나폴레옹은 식사 때마다 굴을 먹었으며 카사노바는 밤마다 굴을 먹었다고 전해진다. 우리나라 선사시대 조개더미에서도 굴 껍데기가 출토되고 「동국여지승람(東國與地勝覽)」에 강원도를 제외한 지역의 토산품으로 기록되어 있는 것으로 보아 굴을 오랫동안 즐겨 먹은 것으로 보인다.

굴에 들어있는 영양소는?

종류	열량 (kcal)	수분 (%)	단백질 (g)	지질 (g)	탄수화물		회분 (g)	무기질	
					당질(g)	섬유(g)		Ca (mg)	Zn (mg)
굴(양식산)	93.0	78.4	10.3	2.1	7.3	0.0	1.9	87	18.12

굴의 영양성분표 (100g 당)<한국영양학회 제7차 개정판>

    굴은 바다의 우유라고 할 만큼 영양가가 풍부하다. 열량은 낮지만, 단백질, 글리코겐, 무기질, 비타민이 풍부한 알칼리성 식품이다. 무기질 중 칼슘과 아연이 특히 풍부하여 성장기 아동의 뼈 발육과 성인의 골다공증 예방에 좋고 칼슘이 우유와 비슷하게 들어 있어 굴 700g이면 하루에 필요한 양을 충족시킨다.

    굴은 사랑의 묘약으로 알려져 있는데 이는 굴에 들어 있는 아연 때문이다. 굴에 들어있는 아연은 완전영양식인 달걀보다 무려 30배나 많이 들어있다. 섹스미네랄이라고 불리는 아연이 부족하면 정자의 수가 감소하고 성기능이 저하되는데 굴은 어패류 중에 가장 많이 함유하고 있다. 굴 10개면 하루에 필요한 아연 권장량을 충족 할 수 있다.

굴을 이용한 조리 및 음식은?

굴밥 : 굴은 빛깔이 투명하고 싱싱한 것으로 골라 손질하여 씻어 건진다. 냄비에 쌀을 안치고 뜸들이기 바로 전에 굴을 넣는다. 양념장을 만들어 섞어서 먹는다. 굴 외에 무 · 당근 · 콩나물 등을 함께 넣어도 좋다.

굴국밥 : 다시마 육수가 끓으면 국간장으로 간을 하고 미역과 굴을 함께 넣어 끓인다. 그릇에 담고 부추와 청양고추를 곁들여 밥과 함께 먹는다.

굴두부조치 : 냄비에 물을 붓고 새우젓과 소금으로 간을 하여 끓인다. 두부, 굴, 홍고추, 실파를 차례대로 넣고 끓인다.

굴무침 : 굴은 소금물에 씻어 건지고 무는 채 썰어 고춧가루, 파, 마늘, 생강, 깨소금, 참기름을 넣고 무친다.

굴두부조치 ▶

Q & A

Q 굴은 여성에게 좋다고 하는데, 정말 그런가요?

A 굴에는 생식기능에 관여하는 비타민 E가 많이 들어 있어 여성 생리량도 늘고 불임을 예방하며 냉이 있는 여성에게도 좋아요. 다양한 비타민과 무기질이 풍부해 피부노화를 방지하지요. 또 굴은 칼로리가 적어 비만 체질을 예방하는 다이어트 식품이에요. 굴에는 철분이 인체에 잘 흡수되도록 도와주는 구리 함량이 높아 여성들의 빈혈에도 좋습니다.

Q 우리는 굴을 초장에 찍어 먹는데, 서양에서는 어떻게 먹나요?

A 서양에서는 레몬을 곁들여 먹는데 초장과 레몬의 공통점은 바로 유기산이에요. 굴에 레몬즙을 짜 넣어 먹으면 맛이 좋을 뿐 아니라 산성 식품인 굴과 알칼리성 식품인 레몬이 잘 어울려 균형 잡힌 식품이 되지요. 특히 상큼한 향취가 미각을 자극해 입맛을 돋워줘요. 특히 레몬에는 비타민 C와 유기산인 구연산, 칼륨, 칼슘 등 무기질을 많이 함유하고 있는데, 굴에 레몬즙을 뿌리면 나쁜 냄새가 제거되고 구연산이 식중독 세균의 번식을 억제해 살균효과까지 나타냅니다.

Q 굴 요리는 여름에도 먹을 수 있나요?

A 예로부터 '굴은 봄부터 여름에는 먹지 말아야 한다'는 말이 있고 서양에서는 R자가 들어간 '5월에서 8월까지 굴을 먹지 말라는 말이 있어요. 왜냐하면 5월~8월까지는 굴의 산란기로 알을 보호하기 위해 독성을 분비하고 크기가 작아져요. 또한 계절적으로 기온이 높은 시기로 굴이 상하기 쉬워요. 그래서 생굴을 섭취했을 경우 식중독을 일으킬 확률이 높아 안전하지 않아서 여름에는 주의해서 먹는 것이 좋습니다.

Q 굴은 바위에 붙어서 사는데 어떻게 먹이를 먹나요?

A 굴에는 족사(足絲)라고 하는 발이 있어서 바위에 딱 붙어있을 수가 있어요. 또한 굴에도 아가미가 있어서 아가미를 통과하는 미세한 프랑크톤을 먹고 살아요. 프랑크톤은 물의 온도와 밀접한 상관이 있는데 수온이 높으면 프랑크톤이 많기 때문에 굴의 성장이 빠르답니다.

Q 굴은 씻는 방법이 어려워요. 잘 씻는 방법을 가르쳐주세요?

A 반드시 굴이 함께 들어 있던 물에서 부서진 껍데기를 골라내야 맛이 변하지 않아요. 깨끗이 골라낸 굴은 물 3컵에 소금 1큰술(12g)을 넣고 섞어 살살 흔들어 씻고 다시 맹물에는 씻지 않는 것이 맛과 영양이 빠지지 않아요.

굴 구입 및 감별법

굴은 빛깔이 맑고 선명하며, 유백색으로 광택이 나는 것이 신선한 굴이다. 껍질없는 알굴일 경우에는 소금물에 담가 불려놓기 때문에 싱싱한 것처럼 보이므로 세심하게 따져봐야 하는데 손으로 눌렀을 때 탄력이 느껴지는 것이 좋다. 살 가장자리에 검은 테가 또렷하게 있는 것이 껍데기를 깐 지 오래되지 않은 싱싱한 것이다.

바다의 천연 영양제

홍합

홍합의 역사 및 유래는?

홍합은 사새목 홍합과에 속하는 조개류로, 색이 홍색이어서 홍합(紅蛤), 다른 바다 것에 비해 싱겁고 채소처럼 담백하다 해서 '담채(淡菜)'라고 한다. 중국에서는 여성을 상징하는 해산물이라 해서 '동해부인(東海夫人)'이라 한다. 홍합을 말린 것은 합자라고 하는데 한말에 중국에 수출하기도 하였다.
홍합의 주산지는 우리나라 동해안을 비롯한 일본, 중국 북부로, 우리나라에서는 흔한 조개류이지만 프랑스나 이탈리아 등의 지중해 연안에서는 고급 음식에 사용되는 귀한 재료이다.

홍합에 들어있는 영양소는?

종류	열량(kcal)	수분(%)	단백질(g)	지질(g)	탄수화물		회분(g)	비타민 A (R.E)
					당질(g)	섬유(g)		
홍합(생것)	73.0	82.8	10.2	1.7	3.5	0.0	1.8	0.0
홍합(자건품)	391.0	12.9	59.1	10.2	14.1	0.0	6.7	86.0

홍합의 영양성분표 (100g 당)〈한국영양학회 제7차 개정판〉

　　　　홍합은 단백질과 지질, 비타민이 풍부한 천연 영양식품이다. 특히 몸속의 유해 산소를 제거하여 노화방지에 도움이 되는 비타민 A가 쇠고기보다 11배나 많으며 혈중 콜레스테롤 수치를 낮추고 간 기능을 좋게 해 주는 타우린 함량도 풍부하다.
　홍합은 말리는 동안 단백질이 일부 분해 되어 아미노산이 되면서 맛이 좋아지고 소화흡수도 잘 된다.
　「방약합편(方藥合編)」에는 '맛이 달고 성질은 따뜻하다. 오래된 이질은 다스리고 허한 기운을 보하며, 음식을 소화시키고 부인들에게 유익하다.' 고 하였다.

홍합을 이용한 조리 및 음식은?

섭죽 : 닭은 중간크기로 손질하여 물을 부어 끓이고 닭고기 살은 건져 찢는다. 닭 국물에 불린 쌀과 홍합을 넣고 쌀이 퍼지도록 끓여 간을 한 후 닭고기 살을 넣는다.

홍합초 : 생 홍합은 끓는 물에 데치고 간장에 파, 마늘, 생강을 편으로 썰어 조리다가 설탕과 꿀을 넣고 더 조린다. 국물이 자작해지면 홍합 데친 것을 넣고 농도가 걸쭉해 지면 참기름을 두른다.

홍합죽 : 홍합은 끓는 물에 데쳐 준비한다. 냄비에 참기름을 두르고 불린 쌀과 물을 붓고 볶다가 쌀알이 퍼지면 홍합을 넣고 송송 썬 부추를 넣고 간을 한다.

홍합부추전 : 홍합은 끓는 물에 데치고 부추와 풋고추는 송송 썬다. 밀가루와 물, 고추장을 섞어 부추와 풋고추, 홍합을 넣고 팬에 기름을 두르고 한 수저씩 지진다.

홍합초

Q&A

Q 홍합은 대표적인 술안주의 하나인데 왜 그런가요?

A 홍합에는 아미노산의 일종인 타우린이 들어 있어 간의 독소를 풀어주고 간 기능을 활성화시켜 기능을 좋게 해 줘요. 그래서 술을 먹을 때나 먹고 나서 숙취해소에 효능이 있습니다.

Q 홍합을 보관하려면 어떻게 해야 하나요?

A 껍데기가 붙어있는 신선한 홍합은 냉장실에서 1~2일은 보존이 가능합니다. 1~2 일 지나서 먹으려면 소금물에 담가서 모래를 뺀 후에 물기를 잘 빼고 비닐봉지에 넣어 냉동시켜야 해요. 홍합을 싱싱하고 맛있게 먹으려면 냉동실에 두었어도 1개월 이내에 먹어야 하고 조리할 때는 해동시키지 말고 그대로 가열해서 먹는 것이 좋습니다.

Q 홍합 해감 시키는 방법을 알려주세요?

A 홍합을 조리하기 전에 모래를 제거하는 것을 해감이라고 하는데, 해감을 시킬 때에는 2% 농도의 소금물에 1~2시간 정도 담가두면 입을 벌리고 자연스럽게 모래나 흙 등이 나오게 됩니다. 오히려 3%이상 바닷물보다 짠 소금물에 담그면 조갯살이 질겨질 수 있으니 주의 해야해요.

Q 홍합도 암컷과 수컷이 있다면서요. 어떻게 구분하나요?

A 홍합 살을 보면 색이 진한 것과 흐린 것이 있는데요. 암컷은 색이 붉은 편이며 맛이나 향이 좋아 식용으로 우대받고 있어요. 반면 수컷은 색이 흐린 편입니다.

Q 말린 홍합은 영양성분에 차이가 있나요?

A 흔히 말린 홍합이 신선하지 않아 영양가가 없다고 생각하기 쉬운데, 그렇지 않아요. 불포화지방의 함량만 보아도 생 홍합은 73kcal인데 비해, 말린 것은 373kcal로 훨씬 높아요. 두뇌발달과 피로회복에 도움을 주는 타우린도 말린 것은 2100mg이고 생 홍합은 974mg으로 훨씬 높습니다. 즉, 말린 홍합은 영양이 농축되어 있어 무게 당 영양가가 생 홍합보다 훨씬 많이 함유되어 있습니다.

홍합 구입 및 감별법

홍합의 껍데기는 흑자색의 광택이 나며 껍질이 파손되지 않은 상태가 싱싱한 것이다. 껍데기를 칼등으로 두드렸을 때 속살이 움츠러들어야 하며 입이 벌어져 있지 않아야 한다. 홍합 살은 살이 퍼지지 않고 냄새가 나지 않는 것이 신선한 것이다.

바다의 인삼

해 삼

해삼의 역사 및 유래는?

해삼은 극피동물 해삼류에 속하는 것으로, 바다의 인삼이라는 뜻으로 해삼(海蔘)이라 한다. 해삼은 해서(海鼠), 토육(土肉), 흑충(黑蟲), 해남자(海南子)라고도 하는데, 일본에서는 쥐와 같다 하여 바닷쥐(나마코)라고 하고, 서양에서는 오이를 닮았다하여 바다오이(sea cucumber)라 한다. 겨울잠이나 여름잠을 자는 동물은 정력에 좋다는 말이 있는데 해삼도 수온이 16℃ 이상으로 올라가면 여름잠을 자는 동물로 예로부터 스테미너 식품으로 알려져 있다. 옛날 중국에서는 해삼, 전복, 상어지느러미, 물고기 부레를 최고의 스테미너 식품으로 생각했다.

해삼에 들어있는 영양소는?

종류	열량 (kcal)	수분 (%)	단백질 (g)	지질 (g)	탄수화물		회분 (g)	무기질	
					당질(g)	섬유(g)		Ca (mg)	K (mg)
해삼(생것)	15.0	93.3	2.5	0.1	0.8	0.0	3.30	124.0	83.0
해삼(말린것)	254.0	14.5	49.6	1.9	6.2	0.0	27.8	1757.0	401.0

해삼의 영양성분표 (100g 당)<한국영양학회 제7차 개정판>

해삼은 칼슘, 칼륨, 인 등의 무기질이 풍부한 알칼리성 식품으로, 소화가 잘 되어 치아와 뼈의 형성기에 있는 어린이나 임산부가 먹으면 좋다. 해삼의 연골에는 콘드롬코이드(chondromecoid)가 1,300mg/100g 들어 있어 내장을 보호하고 숙독을 중화시키며, 피부 노화를 예방한다.
예로부터 해삼은 식욕을 돋우고, 신진대사를 왕성하게 하고, 신장을 튼튼하게 하여 남성의 양기를 돋우는 강장식품으로 알려져 있다. 해삼은 여름철 질병인 무좀에 효과가 있는데, 「본초강목(本草綱目)」에 '해삼의 건조분말을 화농의 상처표면에 바르면 그 표면을 청정하여 치유된다.'라고 기록 되어있다.

해삼을 이용한 조리 및 음식은?

해삼죽순탕 : 육수에 해삼과 죽순을 한입 크기로 썰어 넣고 배추, 당근, 파 등을 넣고 간을 하여 끓인다.

해삼콩나물냉채 : 해삼은 한입 크기로 썰어 데치고 콩나물을 데쳐 차게 식힌 뒤 겨자소스를 끼얹는다.

해삼무침 : 해삼과 브로컬리를 한입 크기로 썰어 살짝 데친 다음 식혀서 새콤하고 매콤한 초고추장에 버무린다.

홍해삼 : 해삼의 배를 길이로 자르고 내장을 빼낸 뒤 쇠고기와 두부에 양념을 하여 소를 채우고 밀가루를 무쳐 면보에 싼 뒤 찜솥에 찌고 밀가루, 계란을 씌운 다음 기름에 지진다.

홍해삼 ▶

Q & A

Q 해삼을 왜 바다의 인삼이라고 하나요?

A 해삼은 약효가 인삼과 같다고 해서 '바다의 인삼'이라 불려요. 해삼은 예로부터 약용으로 많이 쓰여 졌는데 해삼에는 인삼에 다량 들어 있는 '사포닌'의 일종인 홀로트린(holothurin)이라는 성분이 체내 좋지 않은 세균의 생성을 억제하며 항암작용 등을 하는 것으로 알려져 있어요. 그 밖에 단백질을 비롯해 칼슘, 인, 철분 등이 많은 알카리성 식품으로 해삼은 바다의 인삼으로 통하는 강장식품으로 알려져 있습니다.

Q 해삼을 말리면 맛과 영양의 변화가 있나요?

A 해삼은 주로 날 것으로 먹지만 마른 해삼으로도 많이 사용해요. 해삼을 내장과 진흙, 모래 등을 깨끗이 씻어 버린 다음 말려 저장식품으로 쓰기도 하는데, 말린 해삼은 생해삼보다 단백질 양이 거의 20배나 더 많아요. 즉 생해삼은 단백질량 100g 기준으로 2.5g인데, 말린 해삼은 49.6g나 되지요. 말린 해삼은 영양소가 생해삼보다 농축되어 있으면서 수분의 함량이 적어 저장하기 좋습니다.

Q 마른 해삼 불리는 방법에 대해 설명해 주세요?

A 마른 해삼을 따뜻한 물에 온도를 유지하면서 하룻밤 불려 머리와 꼬리를 자르고 배를 갈라 배 속의 모래와 창자를 꺼내고 등에 있는 4줄의 근을 떼어내요. 이것을 떼어내지 않으면 부드럽고 크게 불지 않아요. 그 다음 물에 씻어 다시 미지근한 물을 붓고 약한 불에 끓여 불을 끄고 하루 있다가 다시 물을 갈아요. 이렇게 2~3일 하다가 조리에 사용하면 되는데 잘못하면 탄력을 잃고 녹아버리므로, 기름성분이나 불순물이 들어가지 않도록 조심해야 합니다.

Q 해삼을 피해야 하는 사람도 있나요?

A 해삼은 바다의 인삼이라고 할 정도로 강정효과가 있어 몸에 이롭지만 성질이 차가운 음식으로 한번에 많이 먹으면 설사가 나기 쉬워요. 몸이 더운 소양인에게 좋으나 몸이 찬 소음인에게 많이 섭취하는 것은 피하는 것이 좋아요. 또한 해삼은 여러 생리작용을 활발하게 북돋는 성질이 있으므로 설사나 이질을 앓고 있는 사람은 섭취하지 않는 것이 좋습니다.

Q 해삼 손질하는데 주의점이 있다면?

A 해삼의 산란기는 여름잠을 자기 직전으로, 알을 낳고 여름잠을 자고 난 다음인 가을부터 겨울에 걸쳐 활동하므로 이때부터 맛이 좋아지기 시작하여 동지전후에 가장 맛이 좋아요. 해삼을 손질 할 때는, 작은칼로 세로로 잘라 입과 항문을 잘라내고 내장을 제거하여 소금을 뿌려 미끈한 점액을 제거해요. 해삼은 알칼리에는 약해서 바로 녹아 버리지만 산성(식초)에서는 단단해지므로 선도가 떨어진 해삼에는 식초를 뿌리면 꼬들꼬들 해 집니다.

해삼 구입 및 감별법

좋은 해삼은 탄력이 있고 위쪽이 뾰족하게 올라온 것을 선택하는 것이 좋다. 깊은 바다의 해삼은 크고 돌기에 힘이 있고 연안의 해삼은 크기가 작고 돌기가 약하다. 또한 깊은 바다의 해삼은 내장을 꺼낼 때 모래가 나오고 연안에서 잡은 것은 뻘이 나온다. 마른 해삼은 한 개의 무게가 20g 정도 나가고 길이가 6cm가 되며 돌기가 뚜렷한 것을 고른다. 색이 검고 가시가 고르게 많이 돋은 것이 좋다. 눈으로 보아 표면이 밋밋한 것을 '멍텅구리' 해삼이라고 하는데 이것을 아무리 불려도 해삼 맛이 나지 않는다. 그러므로 울퉁불퉁할수록 좋은 것이다. 마른 해삼의 겉에 붙어 있는 흰 가루는 소금인데, 소금이 많이 붙어 있는 것은 좋지 않다.

복을 부르는 바다식물

김

김의 역사 및 유래는?

김은 홍조식물로, 바닷가의 바위 옷 같다하여 해의(海衣)라고 하며 해태(海苔), 청태(靑苔), 감태(甘苔)라고도 한다. 서양에서는 바다의 잡초라 해서 먹기를 꺼려 하지만 우리나라에서는 미역, 다시마와 함께 즐겨 먹는 해조류 중 하나이다.

우리나라 김이 품질이 좋고 주식인 흰밥과 잘 어울려 오랫동안 사랑받았는데, 문헌상 처음 나타난 것은 「경상도지리지(慶尙道地理志)」에 '해의(海衣)'라는 토산공물(土山貢物)로 기록되어 있다. 정월대보름(음력 1월 15일)이 되면 복쌈이라 해서 참취나물, 배추 잎, 김 등으로 밥을 싸서 먹었는데, 여러 개를 싸서 그릇에 높이 쌓아 성주님께 올린 다음에 먹으면 복이 온다고 해서 즐겨 먹었다.

김에 들어있는 영양소는?

종류	열량(kcal)	수분(%)	단백질(g)	지질(g)	탄수화물		회분(g)	비타민				
					당질(g)	섬유(g)		A (R.E)	β-carotene (μg)	B_1 (mg)	B_2 (mg)	C (mg)
김	270.0	5.10	42.3	4.7	35.8	0.7	11.4	2,431	14,583	0.79	3.62	157.0

김의 영양성분표 (100g 당)〈한국영양학회 제7차 개정판〉

김은 단백질, 비타민, 무기질 함량이 높고, 지방과 탄수화물은 적다. 비타민이 부족해지기 쉬운 겨울, 김은 비타민의 공급원으로 시금치보다 6배나 많은 비타민 A가 있고 B_1, B_2, B_{12}, C, D 등도 풍부하게 들어 있다. 일반적으로 비타민 B_2는 식물성에는 적은데, 김은 달걀의 7배나 많이 들어 있다.

빈혈 예방에는 철분과 비타민 B_{12}의 역할이 중요한데, 철분은 시금치에 비해 4배나 많이 들어 있고 비타민 B_{12}는 김 한 장에 하루 필요량이 들어 있다. 비타민 C는 귤의 3배로 피부 노화와 암을 예방한다. 우리나라에서는 서양에 흔한 요오드 결핍이 없는데 이는 김을 즐겨 먹기 때문으로 김에는 요오드를 비롯한 칼슘, 철, 칼륨, 아연 등의 무기질이 풍부하다.

김을 이용한 조리 및 음식은?

김무침 : 김을 바삭하게 구워 부순 뒤 맑은 젓갈, 고춧가루, 다진 파, 다진 마늘, 깨소금, 참기름을 넣고 무친다.

김부각 : 찹쌀 풀을 되직하게 쑤어 김 위에 바르고 다시 김을 놓고 그 위에 찹쌀 풀을 바르고 채반에 말려 식용유에 튀긴다.

김부치개 : 다진 쇠고기를 양념 하고 데친 숙주는 송송 썰어, 파, 마늘을 넣고 간을 한 뒤 밀가루와 같이 섞는다. 팬에 기름을 두르고 김을 펼쳐 양념한 반죽을 올린 후 다시 김을 한 장 덮어 앞뒤로 잘 굽는다.

김장아찌 : 김은 티를 없애고 한 장 놓고 간장 양념장을 끼얹고 또 한 장 놓고 간장 양념장을 끼얹어 2~3일간 푹 재웠다가 3cm 정도로 썰어 통깨를 뿌린다.

김부각 ▶

Q&A

Q 김이 눈에 좋다고 하는데요. 어떤 성분 때문인가요?

A 김에는 베타카로틴의 함량이 100g당 14,583㎍으로 많이 들어있어요. 베타카로틴은 우리 몸에서 비타민 A로 전환되기도 하는데, 비타민 A는 눈의 망막에서 빛을 뇌신경 전달 신호로 바꿔 주는데 필요한 영양소일 뿐만 아니라 망막 세포 자체를 건강하게 유지시켜 줘요. 따라서 비타민 A가 풍부한 김은 눈에 좋은 식품이라 할 수 있습니다.

Q 김은 구울 때 들기름을 발라 먹기도 하는데, 특히 기름을 발라서 먹는 이유가 있는지요?

A 김에는 지방이 1%도 안 들어 있어서 김을 구울 때는 고소한 맛이 나는 참기름이나 들기름을 바르면 지방 섭취 효과를 줍니다. 기름을 바르고 구우면 색깔도 좋고 맛과 영양의 균형이 향상되어 좋아요. 김을 구울 때 기름을 바르지 않으면 바짝 오그라들고 빨리 타 버려요. 또 너무 많이 바르면 바삭거림이 적어지므로 적당히 바르는 게 좋아요. 예전에는 참기름을 발라 구웠는데 요즘은 들기름을 발라 굽기도 하지요. 하지만 들기름은 참기름보다 산화가 빨라 오래두지 않는 것이 좋습니다.

Q 생김을 고추장 항아리에 올려두면 곰팡이가 안 생기나요?

A 생김에는 요오드가 많아요. 요오드는 곰팡이의 세포막을 파괴시켜 곰팡이 생성을 억제하지요. 그래서 고추장 위에 생김을 덮어두면 좋아요. 김 뿐만 아니라 요오드가 풍부한 미역이나 다시마도 같은 역할을 한답니다.

Q 눅눅해진 김을 다시 바삭하게 먹을 수 있는 방법이 있나요?

A 여름철 장마 때문에 눅진 김은 지퍼락에 차곡차곡 넣어 각설탕을 넣어 두었다 먹으면 바삭해질 수 있어요. 또는 김 여러 장을 쌓아 전자렌지에 20~25초 정도 돌리면 다시 원래 상태처럼 바삭한 김을 먹을 수 있어요. 그러나 김의 향이 다 날아가 예전의 김의 향을 찾는 것이 어렵다는 단점이 있습니다.

Q 김의 종류가 다양한데요. 어떤 것들이 있나요?

A 김의 종류에는 일반 김, 돌김, 전통 김(재래 김)으로 구분할 수 있어요. 재래 김은 충남 서해안 지방에서 양식하는 것으로 조선 김 이라고도 부르는데 얇고 부드러운 맛이 좋아요. 돌김은 바다에 있는 바위에 돌김포자가 자연적으로 붙어 자란 것을 돌김이라고 하는데, 돌김에는 온돌 김과 반돌 김이 있어요. 온돌 김은 돌김 포자만으로 만들어 거칠고 반돌 김은 재래 김포자와 돌김포자를 섞어 맛과 부드러움이 조화를 이루고 있어요. 파래 김은 파래의 향기가 풍부하고 맛이 독특하여 우리나라와 일본에서 즐겨 먹습니다.

김 구입 및 감별법

좋은 김은 두꺼우면서 검은색이 강한 푸른색을 띈다. 광택이 있고 흑색 중에서도 녹색과 청색이 조화되어 불에 비쳐보면 파랗게 보이는 것이 좋다. 김을 구웠을 때 향기가 진하고 고소하며 촉감이 부드럽고 청록색으로 변하는 것이 좋다. 또한 불순물이 섞이지 않으면서 수분이 15%이하로 잘 건조된 것이 상등품이고 물에 넣으면 바로 풀어지는 것이 좋은 김이다. 찢어진 것이나 작은 김들이 섞여 있거나 잡티가 있는 것은 피한다.

깨끗한 곳에서만 자라는 바다채소

매생이

매생이의 역사 및 유래는?

매생이는 갈파래목의 해조류로 깨끗한 곳에서만 자라는데 '매산이'라고도 한다. 매생이는 파래와 비슷하나 더 가늘고 부드러우면서도 특유의 맛과 향기를 가지고 있다. 오래 전부터 남도지방에서 겨울철에 매생이를 즐겨 먹었는데, 『동국여지승람(東國與地勝覽, 1481년)』을 보면 전라도 장흥의 진공품(進貢品)으로 소개되어 있다. 매생이는 아무리 끓여도 김이 잘 나지 않아 모르고 먹다가 입이 데이기 때문에 "미운 사위에 매생이국 준다."라는 속담이 있다.

『자산어보(玆山魚譜, 1814년)』에는 "매산태(苺山苔)라고 하여, 누에실 보다 가늘고, 쇠털보다 촘촘하며 길이가 수 척에 이른다. 빛깔은 검푸르다. 국을 끓이면 연하고 부드럽고 서로 엉키면 풀어지지 않는다. 맛은 매우 달고 향기롭다."라고 기록되어 있어 매생이를 오래전부터 식용한 것으로 보인다.

매생이에 들어있는 영양소는?

종류	열량 (kcal)	수분 (%)	단백질 (g)	지질 (g)	탄수화물		회분 (g)	무기질			
					당질(g)	섬유(g)		Ca (mg)	Fa (mg)	Na (mg)	K (mg)
매생이(말린것)	199	15.6	20.6	0.5	35.4	0.0	22.70	574.0	43.1	{4151.9}	{4968.7}

매생이의 영양성분표 (100g 당)<한국영양학회 제7차 개정판>

      매생이는 칼로리와 지방은 낮고 단백질과 무기질은 높은 알칼리성 식품이다. 다른 해조류에 비해 단백질, 특히 필수아미노산 함량이 높다. 어린이의 성장 발육을 촉진하고, 성인 여성의 골다공증을 예방하는 칼슘, 빈혈을 예방하는 철분, 항산화제로 알려진 셀레늄이 풍부한 건강식품이다.
또한 칼륨이 많아 혈중 나트륨의 체외로 배출시켜 동맥경화와 고혈압 등의 심혈관계 질환을 예방한다. 매생이는 혈중 콜레스테롤 수치를 낮추고, 중금속 같은 유해물질을 체외로 배출 시켜며 피부미용에 좋은 것으로 알려졌다.

매생이를 이용한 조리 및 음식은?

매생이칼국수 : 멸치육수에 칼국수를 넣고 청양고추를 송송 썰어 넣고 간을 맞추어 매생이를 넣고 잠깐만 끓이다가 불을 끈다.

매생이깨죽 : 찹쌀가루를 물에 개어 끓이다가 깨를 믹서에 곱게 갈아 넣고 매생이를 넣어 끓인다.

매생이전 : 밀가루를 물에 넣고 되직하게 개어 매생이와 해물을 넣고 반죽하여 팬이 달구어지면 기름을 두르고 전을 부친다.

매생이국 : 멸치육수에 굴을 넣고 끓이다가 간을 맞추고 매생이를 넣어 잠깐만 끓인다.

매생이전 ▶

Q&A

Q 매생이가 무슨 뜻 인가요?

A 매생이란 "생생한 이끼를 바로 뜯는다."는 뜻의 순수한 우리말이에요. 매생이는 맑고 청정한 곳에만 자라며 아주 추운 겨울에만 잠깐 나오는 귀한 해조류입니다.

Q 매생이는 다이어트에도 좋다고 하는데 그런가요?

A 파래과에 속하는 매생이는 미역, 다시마 등과 같은 해조류로서 칼로리가 낮고 식이섬유소가 많아 많이 먹어도 포만감만 줄 뿐 열량을 내지 않아 다이어트에 매우 좋은 식품입니다.

Q 매생이는 숙취해소에 좋은가요?

A 매생이는 각종 무기질과 비타민이 많아서 매생이를 국으로 끓이면 국물이 부드럽고 시원하여 숙취해소에 좋아요. 매생이국에 굴을 넣고 끓여도 좋은데, 함께 끓여 내면 맛도 좋고, 숙취해소 효과도 더 높아요. 그러나 매생이국은 아무리 끓여도 김이 잘 나지 않아서 먹을 때 조심히 먹어야 합니다.

Q 매생이의 제철과 원산지는 어디인가요?

A 매생이는 보통 12월에서 2월까지 자라요. 매생이는 우리나라 남해안과 서해안에 분포하는 해조류로서 후미지고 물이 잘 소통되는 청정해역에서만 성장한다고 해요. 매생이는 전남 특산물로 전남 고흥, 강진, 완도, 장흥해역 등에서만 채취해요. 매생이는 환경에 예민해 태풍으로 바닷물이 뒤집어지거나 연안 오·폐수가 유입되면 더디게 자란다고 합니다.

Q 매생이와 감태, 파래의 구별법을 알려주세요?

A 매생이와 감태, 파래는 모두 바다에서 서식하는 무공해 웰빙 식품으로 외형상 비슷해 구분하기가 어려워요. 매생이가 얕은 곳에서 자라는 녹조류인데 반해 감태는 깊은 곳에서 잘 자라며, 파래는 담수의 영향이 많은 조용한 곳의 연안에 서식하지요. 매생이는 몸길이는 10~30cm가 되고 굵기는 2~5mm로 가장 가늘며 감태·파래는 다소 뻣뻣한 결을 지닌 녹색 또는 갈색을 띠고 있으며 매생이보다 굵어요.

매생이 구입 및 감별법

매생이는 색깔이 선녹색이며 몸이 매우 가늘어 머리카락 정도로 가늘고 윤기가 있으며 부드럽고 매끄러운 것이 좋다. 굵기가 가늘어 국을 끓이면 숟가락으로 떠먹을 수 있을 정도로 끈적끈적한 것이 맛이 있다. 매생이는 뻘에서 자란 것이므로 윤기가 나며 미끌미끌한 감이 있어야 한다.

참고문헌

강인희, 한국의 보양식, 대한교과서주식회사, 1992
김소미 외 3인, 우리생선 이야기, 도서출판 효일, 2002
석용운, 한국다예, 초의, 2000
신동환, 책으로 보는 KBS 싱싱일요일 계절의 보석, 도서출판 가치창조, 2006
조신희 외 4인, 식품학, 교문사, 2002
유태종, 음식궁합, 아카데미 북, 1998
유태종, 음식궁합 2, 아카데미 북, 2001
윤숙자, 증보산림경제, 지구문화사, 2005
윤숙자, 규합총서, 도서출판 질시루, 2003
이규태, 한국인의 의식주 재미있는 우리의 음식이야기, 기린원, 1991
이승남, 봄·여름·가을·겨울 제철에 제대로 먹자, 삼성출판사, 2005
이성우, 한국요리문화사, 교문사, 1985
이영은·홍승헌, 한방식품재료학, (주)교문사, 2003
장학길, 식품정보, 신광출판사, 1999
전순의, 산가요록, 농촌진흥청, 2004
전수진, 책으로 보는 SBS 잘 먹고 잘사는 법 1, 2006
전수진, 책으로 보는 SBS 잘 먹고 잘사는 법 2, 2006
정문기, 자산어보, (주)지식산업사, 2006.
정경연, 몸에 좋은 색깔음식 50, (주)북스컴, 2004
조재선·황성연, 식품재료학, 문운당, 2006
한국영양학회, 한국인 영양섭취 기준, 한아름기획, 2005
한영실, 우리가 정말 알아야 할 음식 백가지, 현암사, 1998
한영실, 비타민 위대한 밥상 1~4, 현암사, 2005
홍진숙 외 6인 공저, 식품재료학, 교문사, 2005
황재희·박정은 공저, 식품재료학, 도서출판 효일, 2005

春·夏·秋·冬
알고 먹으면 좋은 우리 식재료 Q&A

2008년 4월 1일 초판 발행
2010년 8월 20일 재판 발행
2021년 3월 20일 3판 발행

저 자 윤숙자 / 최봉순 / 최은희

발행인 주병오

발행처 (주)지구문화
JIGU CULTURE Co.Ltd

경기도 파주시 교하읍 문발리
파주출판문화정보산업단지 518-2
영업부 (031) 955-7566·7577
편집부 (031) 955-7731~3
FAX   (031) 955-7730

등록번호 1979년 7월 13일 제 59 호

ISBN 978-89-7006-524-3   정가 15,000 원

본서의 무단복제 또는 복사는 저작권법
침해이오니 절대 삼가하시기 바랍니다.